一點都不無聊！
帶著實驗
出去玩

科學少年

一點都不無聊！帶著實驗出去玩

作者／傑克・查隆納（Jack Challoner）
譯者／徐仕美
責任編輯／張容瑱（特約）
封面暨內頁設計／趙璦、黃淑雅（特約）
科學少年總編輯／陳雅茜

發行人／王榮文
出版發行／遠流出版事業股份有限公司
地址／臺北市南昌路2 段81 號6 樓
電話／02-2392-6899 傳真／02-2392-6658
郵撥／0189456-1
遠流博識網／www.ylib.com
電子信箱／ylib@ ylib.com
ISBN／978-957-32-8830-5
2020年9月1日初版

定價・新臺幣800元

Original Title: Outdoor Maker Lab
Copyright © Dorling Kindersley Limited, 2018
A Penguin Random House Company
Traditional Chinese edition copyright:
2020 YUAN-LIOU PUBLISHING CO., LTD.

A WORLD OF IDEAS:
SEE ALL THERE IS TO KNOW

www.dk.com

國家圖書館出版品預行編目（CIP）資料

一點都不無聊！帶著實驗出去玩／
傑克・查隆納（Jack Challoner）著；徐仕美譯.
-- 初版. -- 臺北市：遠流, 2020.09
面； 公分
譯自：Outdoor Maker Lab
ISBN 978-957-32-8830-5（精裝）

1.科學實驗 2.通俗作品

303.4 109009205

一點都不無聊！

帶著實驗出去玩

傑克‧查隆納／著　　徐仕美／譯

遠流

目 錄

名家推薦

科學很無聊嗎？想想你小時候是多麼喜歡探索這個世界，多愛問為什麼，可惜這些本能漸漸在成長過程及僵化的教育方式下消磨殆盡。我在大學裡教科學，有非常深刻的體會。有時候面對那些早已失去熱忱的同學，也不知道怎麼辦才好。

多年前，我排除了各種困難，讓一群「離科學最遙遠」的非理工科系學生開始動手做實驗，沒想到效果出乎意料的好！學生不但展現了高度的興趣，他們的科學推理能力也明顯進步！**做實驗能讓非理工科系的大學生有如此大的轉變，如果從小就培養這個習慣的話，那麼效果會有多驚人啊！**所以不要猶豫了，讓查隆納這本書帶著你，把整個世界都變成你的專屬實驗室！

—— **朱慶琪**／中央大學科學教育中心主任

我很喜歡看食譜，「感覺好好吃、看起來並不難、想要做做看……」有時候做出來七八分像，有時候不成樣，但我還是喜歡。我還喜歡在操作過程中，再多做紀錄、加入一些變化。就算跟食譜上令人垂涎的餐點有差異，但能跟著做出成品還是很開心！

從這樣的基礎出發，慢慢加入一些變化，像是改變材料、更換器具等等。有詳細步驟的食譜對料理新手的我來說，是鷹架，而不是框架。

有時候，科學實驗動手做的書也需要像食譜。以這本讓我眼睛一亮的書來說，許多科學動手做經過作者重新設計，搭配清晰易懂的步驟與科學原理，並與真實世界中的科學連結、應用，翻著翻著就像是在翻食譜……

「這些實驗看起來很炫，操作起來好像不難，想要嘗試看看！」科學啟蒙階段，有詳細步驟陪伴著你一步步完成，**而且材料簡單，可以在家操作，不用在學校、不必等老師，大人就能陪小孩親子同樂！**書中還提供延伸實驗，可嘗試不同的改變，看看結果有什麼不同。照著做卻沒有成功時，也可從些微的變化去思考、發現差異。

令人心動而讓人想要跟著動手做的實驗，是展開探究與實作最簡單的起點。科學若是少了想要嘗試、少了親自操作、少了觀察發現、少了應用變化，就只是學科。多些創意與變化，科學探究就從此展開！

—— **何莉芳**／臺中市福科國中理化老師

觀察是科學研究方法的第一步。本書的科學實作主題圍繞著自然生態、氣象、水與地球科學，這些領域的變化通常緩慢、巨大而難以觀察，透過書中詳細的圖文步驟，引領孩子自製工具，進行記錄與觀察，或藉由實驗了解自然界的變化，同時結合淺顯易懂的圖文知識，本書絕對會是陪伴孩子探索科學的重要書籍！

—— **許兆芳**／魅科坊科學原型工坊創辦人

以前的父母，在孩子面前可以很權威，他們上知天文、下知地理，什麼問題，爸媽都有辦法！現在的父母，面對社會變遷、科技進步，發現知識傳遞的速度因為網路，幾乎是每分每秒都在改變，他們已經不可能無所不知。

有時候，我們必須學會承認自己的不足。也許這本書正是一個機會，在科學中、在知識面前，我們是平等的，我們要跟孩子一起謙虛的學習！

親子共享的時光是童年最美好的回憶，在未來人生的路上，提供我們快樂的養分、被愛的安全感，讓我們勇於接受挑戰、追求夢想。如果親子在家裡一起動手做些實驗，不論是成功的印證了科學的原理，或是一步錯而灰頭土臉的失敗了，相信都是親子難忘的記憶！

—— **趙自強**／如果兒童劇團團長

科學動手做的重要性大家都知道，但要擁有可以動手做的環境，卻需要靠家長與老師的努力，才能讓小朋友真正透過動手來學習科學。

雖然我們常常聽到「廚房中就有科學、大自然中就有科學、身邊到處都是科學」這樣的說法，但是將隨手可得的生活素材組合成「可以傳達科學原理的實驗」，仍然有一段路需要努力。

這本書很特別的地方，就是一步一步的運用清楚的圖片，讓大家可以輕輕鬆鬆的了解實驗器材與步驟，配合原理的說明，讓小朋友能在實驗的過程，學習到對應的科學原理。

—— **蕭俊傑**／科學X博士

（依姓氏筆畫排列）

觀察自然

在科學研究的領域裡，探究生物是迷人的一環。在這一章的實驗中，你能夠不用土壤就種出植物，並自製環保育苗盆。你還可以藉由一些方式來認識動物，像是製作蝴蝶餵食器、興建蚯蚓的家，甚至打造出一具潛望鏡，讓你可以觀察動物，但動物看不到你。你也可以把真菌的菌絲體種在紙板上，然後好好研究一番！

包含鳥類在內的動物，要是
發現人類的蹤影，通常會躲
藏起來。自製的潛望鏡讓你
能近距離觀察動物，而牠們
卻不知道你就在附近。

潛望鏡

你觀察鳥類或其他野生動物時，曾經嘗試不被牠們看到嗎？很
難辦到吧！你如果看得到對方，對方應該也看得到你，而且大
部分動物一看到你在附近，會立刻閃開。這就是為什麼「潛望
鏡」很有用！潛望鏡讓你可以躲在轉角處觀察，或越過障礙物
偷窺，也就是說，你能隱身在高高的草叢裡，甚至躲在倒下的
樹木後面觀察動物，而不會打擾到牠們。

反射光線

潛望鏡裡有兩面鏡片，一面在上，一面在下。來自你正
在觀察的鳥兒或其他物體的光，都會因這兩面鏡片的反
射而改變方向。透過這種方式，你能在轉角看到動物，
但你不會被看到。這個潛望鏡非常適合在開闊的戶外使
用，但是請注意，不要把潛望鏡直接對著太陽看。

光線從這裡的
開口進入。

替潛望鏡加上偽裝,例
如塗上顏色,使它更容
易融入周遭的環境。

如何製作 潛望鏡

這項活動牽涉到許多測量與剪裁作業，但如果你慢慢來，且小心謹慎，你將會擁有一具堅固耐用的潛望鏡，能在戶外一再使用。顏料不是必備的材料，但是當你到戶外賞鳥或觀察其他動物時，塗上顏色的潛望鏡比較不顯眼，有助於偽裝。

時間
1小時，加上等顏料乾的時間。

難易度
困難

需要的東西

雙面膠帶

大張瓦楞紙板

尺　鉛筆

小張瓦楞紙板

兩面7公分×7公分的鏡子（可向玻璃行購買）

剪刀

顏料

水彩筆

遮蔽膠帶　強力膠帶

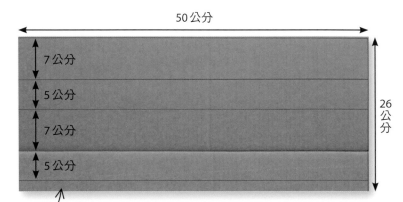

50公分

7公分

5公分

7公分

5公分

26公分

這裡有個狹長的長方形，寬是2公分。

1 照上面的設計圖，用尺和筆在大張瓦楞紙板上畫出這幾個都是50公分長的長方形，再用剪刀剪下來。最底下狹長的長方形為黏合處，等一下黏成長筒時會用到。

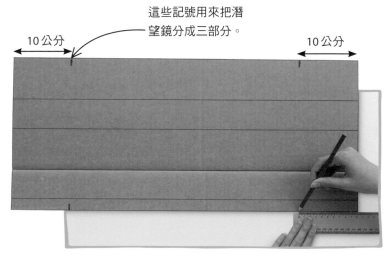

這些記號用來把潛望鏡分成三部分。

10公分　　　　　　　　　　　　　　10公分

2 在剪下來的大長方形上標出四個記號，上面兩個、下面兩個。記號分別與左右兩端距離十公分。

3 畫出如右圖中的三條虛線：根據剛才畫好的記號，用尺畫出虛線。虛線畫對位置很重要，可以請大人幫忙。

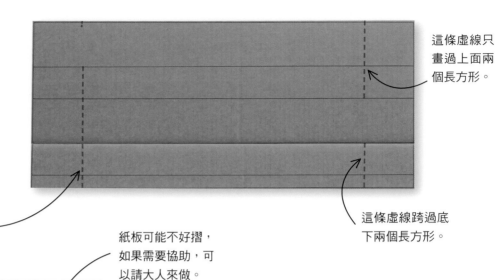

這條虛線只畫過上面兩個長方形。

這條虛線只畫過五個長方形其中的四個。

這條虛線跨過底下兩個長方形。

紙板可能不好摺，如果需要協助，可以請大人來做。

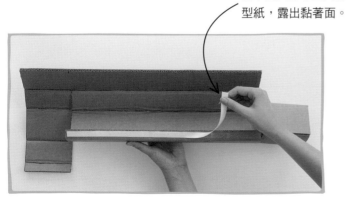

4 利用剪刀的刀刃和尺，在水平線條上仔細刻出痕跡。然後，沿著刻痕向內摺。

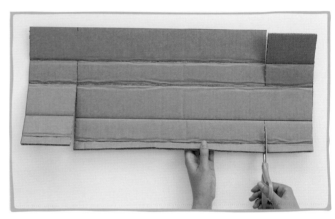

5 沿著畫好的三條虛線剪開。注意，不要把紙板剪斷。

撕下雙面膠帶上的離型紙，露出黏著面。

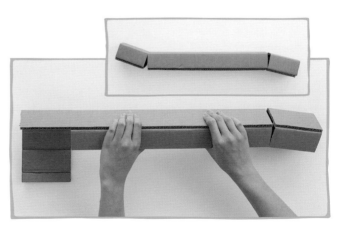

6 把底下分成三部分的黏合處，都貼上雙面膠帶。撕下膠帶的長紙條。

7 沿著摺痕把紙板摺起來，壓緊有雙面膠帶的黏合處，把紙板黏成紙筒。

8 在小張的瓦楞紙板上畫出四個直角三角形，每個三角形有兩個邊是五公分長。

5公分

5公分

9 小心的剪下這四個直角三角形。這些三角形用來支撐潛望鏡的兩面鏡子。

確定膠帶把潛望鏡側邊的縫隙都遮起來了。

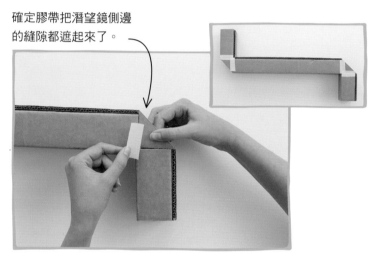

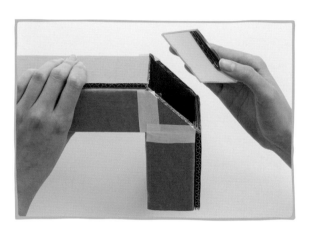

10 用遮蔽膠帶把四個三角形分別貼在潛望鏡兩端的側面上。完成之後，兩端會各形成一個正方形的開口。

11 將一面鏡子裝到其中一個開口上，鏡面朝內。鏡子要保持呈45度角，這樣潛望鏡才能發揮作用。

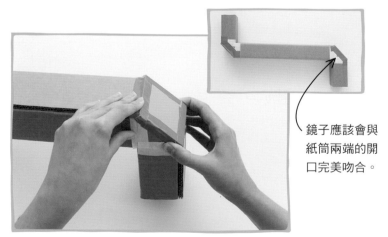

鏡子應該會與紙筒兩端的開口完美吻合。

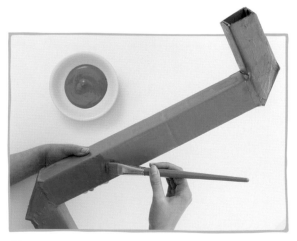

12 用強力膠帶把鏡子固定在紙筒上。潛望鏡另一端的開口也這樣處理。

13 為潛望鏡塗上深淺不一的綠色，然後等顏料乾。

14 還可以加強偽裝：從剩餘的瓦楞紙板剪下細細的長條，塗成綠色，讓它們看起來就像草。

15 把一小段雙面膠帶貼到草葉的基部，撕下膠帶上的紙片，將草葉一片片的黏到潛望鏡上。

科學原理

你能看見某個物體，是因為來自那個物體的光進入你的眼睛。有些物體會自己發光，例如電腦螢幕，但大部分物體只是把來自他處，像是太陽的光反射出來。無論哪一種情形，來自物體的光總是沿著直線前進，因此，你通常要直視某個物體，才能看見它。但如果你把潛望鏡裡的鏡片位置安排好，導引來自物體的光通過特定方向，你不需要直視物體，也能看見它。

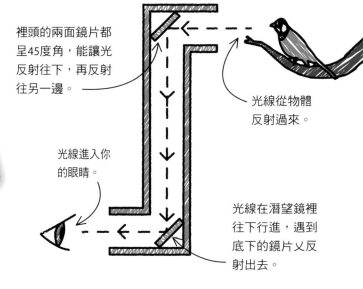

裡頭的兩面鏡片都呈45度角，能讓光反射往下，再反射往另一邊。

光線從物體反射過來。

光線進入你的眼睛。

光線在潛望鏡裡往下行進，遇到底下的鏡片又反射出去。

真實世界中的科學
從水下窺視

長久以來，潛望鏡一直是潛水艇上的配備，讓船員在潛航時能夠觀察水面上的動靜。這些潛望鏡十分精密，裡頭的鏡片具有放大功能。不過，現代潛水艇已經改用外伸式鏡頭，這種鏡頭能將影像傳送到潛水艇內部的螢幕上。

做好的蝴蝶餵食器
可以掛在高處,例
如樹枝上。

甜蜜的誘惑

試著認識你生活周遭有哪些種類
的蝴蝶。你可以查詢書籍或是網
路,幫助你鑑定出拜訪餵食器的
蝴蝶。科學家認為,世界上的蝴
蝶超過1萬5000種,遍布在各大
洲,除了南極洲以外。

杯子裡裝的
是柳橙汁。

蝴蝶餵食器

蝴蝶對植物來說非常重要,如同蜜蜂一樣。牠們幫助花朵授
粉,讓植物能結出果實、產生種子。你可以利用這種容易製
作的蝴蝶餵食器,把蝴蝶吸引到你家的花圃或陽臺,甚至是
社區公園中你最喜歡的地點。

如何製作
蝴蝶餵食器

為了吸引蝴蝶，餵食器最好有鮮豔的色彩，就像花朵一樣。餵食器裡面會放入一小片廚房海綿布，海綿布吸飽了甜甜的柳橙汁。蝴蝶喜歡品嚐果汁，你可以在暖和的夏日，把餵食器掛在樹上，然後耐心等待。

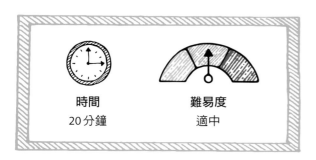

時間
20分鐘

難易度
適中

需要的東西

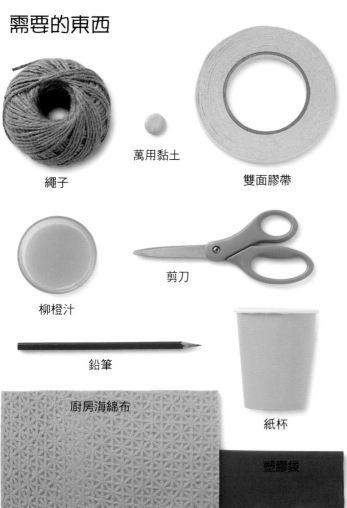

繩子

萬用黏土

雙面膠帶

柳橙汁

剪刀

鉛筆

廚房海綿布

紙杯

塑膠袋

小心鉛筆的筆尖。

1 在紙杯側面相對的位置，用鉛筆筆尖戳出兩個洞。下面可以墊一團萬用黏土，以便保護桌面。

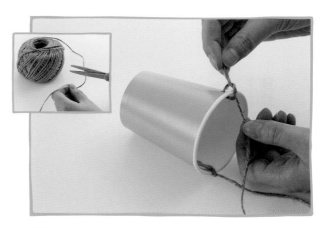

2 剪下一段長約30至40公分的繩子，將繩子兩頭穿過杯子上的洞。繩頭打結後，繩子就變成提把了。

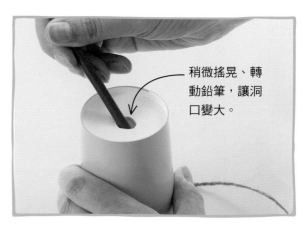

稍微搖晃、轉動鉛筆，讓洞口變大。

3 利用鉛筆筆尖，在杯底中央戳出一個直徑大約一公分的洞。

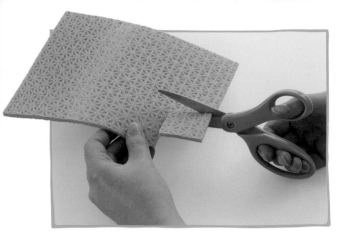

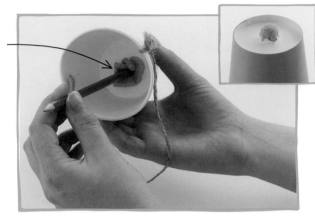

讓海綿布從杯底露出一點點。

4 從廚房海綿布剪下一小片正方形，邊長大約兩公分。

5 用鉛筆鈍的那一頭，把小片海綿布塞入杯底的洞口。

剪下花朵，花的形狀可自行設計。

6 用筆在塑膠袋上畫一朵花，花朵要比杯底大，然後剪下來。在花朵中央剪一個洞，洞要比露出來的海綿布稍微大一些。

7 把幾小段雙面膠帶黏到杯底，然後剝掉膠帶上的紙片。

用力壓好，確保花朵黏牢了。

柳橙汁會被海綿布吸收，然後慢慢滴下來。

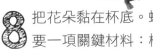

8 把花朵黏在杯底。蝴蝶餵食器現在還需要一項關鍵材料：柳橙汁。

9 把餵食器拿到戶外或水槽上方，倒一些柳橙汁到杯子裡。然後把餵食器掛在樹枝上，等著看飢渴的訪客飛過來。

更酷的實驗

不同種類的蝴蝶，可能會受到不同型態的花朵吸引。用不同顏色的塑膠袋來實驗，剪出你喜歡的造型，看看是否有特定的組合會把某些蝴蝶引誘過來。也可以改用不同的果汁，或許有些風味的果汁比其他果汁更受蝴蝶喜愛。把來探訪餵食器的客人記錄下來，可以幫助你發現是否有特定的模式。

剪出不同形狀的花朵，看看是否能吸引不同種類的蝴蝶。

科學原理

塑膠袋花朵的形狀多半是裝飾作用，雖然也可能吸引到覓食者的注意。塑膠袋花朵還有個作用，是讓柳橙汁從中間的海綿布滴下。蝴蝶的味覺構造長在腳上，讓牠們可以分辨出停靠的花朵是否有東西可吸食。當蝴蝶確定自己降落在美味的食物上頭，就會把捲曲在頭部下方的「口器」伸展開來。

蝴蝶的口器通常是捲起來的。

伸出口器，吸食汁液。

真實世界中的科學
蝴蝶的幼蟲

蝴蝶品嚐植物的味道，不只是為了自己，也為了牠的後代。如果蝴蝶覺得這株植物很美味，可能就會把卵產在那裡。蝴蝶的幼蟲從卵孵化出來之後，馬上開始大啃植物。幼蟲在生命的頭幾個星期大吃特吃，身體會長大好幾倍。之後，附著在植物上變成蛹，幾個星期後，羽化成蝴蝶。

蝴蝶把卵產在葉片上，孵化出來的幼蟲就吃葉子。

蚯蚓會在層層沙土之間鑽來鑽去。

保持沙子和土壤濕潤很重要，因為蚯蚓需要水分，就像你一樣。

蚯蚓飼養箱

儘管沒有骨頭、沒有腳，也沒有眼睛，神奇的蚯蚓仍然努力的過活、工作。牠們翻攪土壤，讓空氣和水進入土壤中。牠們吃腐爛的植物殘渣，排出來的糞便使土壤變得肥沃。蚯蚓是資源回收的最佳代表！在這項活動中，你可以打造自己的蚯蚓飼養箱，當成蚯蚓的棲地，同時能讓你研究牠們。務必每天都要察看，你會很驚訝，牠們這麼快就投入工作。

鑽來鑽去

蚯蚓把地表的有機物質帶入地下，還能翻鬆土壤。牠們藉由全身肌肉的交替收縮，使身體蠕動，而能夠鑽入土壤裡。

由於蚯蚓喜歡黑暗的環境，所以飼養箱需要一個罩子阻擋光線。

如何製造 蚯蚓飼養箱

這項活動要用到蚯蚓。如果你家有庭院，那你很幸運，可以到院子裡尋找，蚯蚓通常會在下雨過後爬到地表。如果你家沒有庭院，那麼你可以到寵物店、園藝行或釣具行去買，甚至網路上也買得到。請溫柔對待蚯蚓，牠們可是活生生的生物。蚯蚓對光線很敏感，盡可能讓牠們避開光線。處理完土壤和蚯蚓之後，記得洗手。

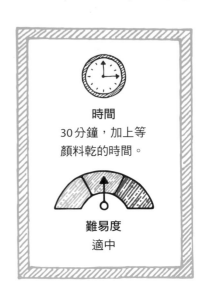

時間
30分鐘，加上等
顏料乾的時間。

難易度
適中

需要的東西

水彩筆

奇異筆

剪刀

顏料

彩色膠帶

沙子

土壤

A3深色卡紙

大寶特瓶

花盆

花盆的底盤

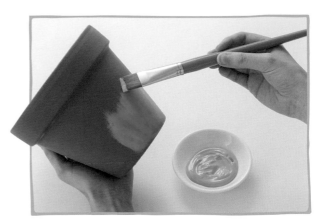

1 先從裝飾花盆開始。我們使用綠色和黃色顏料，但是你可以用任何你喜歡的顏色，畫上喜歡的圖案。

卡紙留著，之
後會用到。

2 把寶特瓶用卡紙包起來，拿奇異筆在瓶子接近瓶口的地方繞一圈畫線，接近瓶底的地方也同樣畫線。

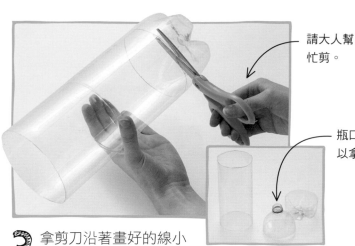

請大人幫忙剪。

瓶口和瓶底可以拿去回收。

3 拿剪刀沿著畫好的線小心剪開寶特瓶,最後會得到一個圓柱形的塑膠筒,上下都有開口。

4 用膠帶將塑膠圓筒兩端開口的粗糙邊緣遮起來:沿著開口仔細的貼上膠帶,然後把膠帶摺進去。

5 讓塑膠圓筒立在裝飾好的花盆裡。在花盆底部和圓筒周圍填入一些土壤,固定圓筒。這項活動中,摸過土壤、青草或葉子之後,請仔細把手洗乾淨。

填到距離圓筒頂端幾公分的地方。

6 以一層土壤、一層沙子的方式,將土壤和沙子填入圓筒中,土壤層要比沙子層厚一點。蚯蚓需要水,如果土壤太乾,噴一些水進去,使土壤濕潤。蚯蚓的家快完工了。

7 蚯蚓需要有機物質當做食物，因此，在層層土壤和沙子最上面放些草或樹葉。

用一段膠帶把罩子的上方貼起來。

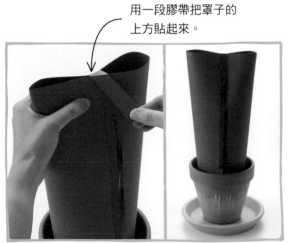

8 蚯蚓喜歡生活在黑暗的環境中。為了鼓勵蚯蚓到飼養瓶的邊緣地帶探險，以便你觀察牠們的行為，你需要做個罩子。用一張深色卡紙把圓筒圍起來，用膠帶固定。

9 現在，該是放入蚯蚓的時候了。把你的手弄濕，小心的把蚯蚓拿在手裡。輕輕放四、五條蚯蚓到草上，然後套上罩子。把手洗乾淨。將蚯蚓飼養箱放在涼爽陰暗的地方，每天去察看。幾天後，把飼養箱裡的東西倒到花圃裡，讓蚯蚓重回大自然。

用潮濕的手抓著蚯蚓，不要太用力。

蚯蚓會把草和樹葉拖入土壤中。

更酷的實驗

你可以用塑膠箱子做個更大的蚯蚓飼養箱，讓蚯蚓處理廚餘。把飼養箱放在戶外涼爽陰暗的地方，而且為了使空氣流通，可以在箱子打洞或在上方留個開口。放入菜葉、果皮和蛋殼，但禁止肉類或起司等脂肪豐富的食物。你需要等一陣子，經過幾個星期或幾個月，蚯蚓消化完廚餘，箱子裝滿堆肥，你就可以把這些肥料施用於花盆或花園裡。

科學原理

過沒多久，蚯蚓就開始工作，他們鑽來鑽去，把土壤翻鬆。只要幾天的時間，土壤就變得肥沃，因為蚯蚓吃下土壤後，從肛門排出來的固體殘渣成了肥料。蚯蚓的體表會分泌黏液，使牠能在土中順暢穿行。蚯蚓擁有一對對「腎管」，分布於全身，透過腎管對外的小孔，把廢物排泄出來，相當於尿尿。

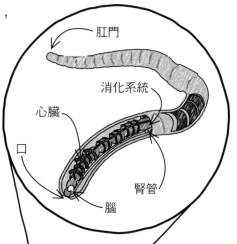

肛門
消化系統
心臟
口
腎管
腦

真實世界中的科學
堆肥

許多園藝愛好者會讓蚯蚓在堆肥桶裡好好發揮功用。菜葉、果皮、枯葉和除下來的草屑等植物廢棄物一旦放入桶中，蚯蚓會把這些東西拖入土裡吃掉。牠們接著會磨碎、消化食物，而沒有完全消化的食物碎屑，與土壤混在一起排出蚯蚓體外。把蚯蚓加到堆肥桶裡，可加速植物廢棄物變成堆肥的過程。

侵蝕瓶

土壤不只是提供植物生長的地方，還能保住植物需要的養分和水分。我們也依賴土壤，因為我們需要生長在土裡的植物。植物不僅會產生我們呼吸的氧氣、攝取的食物，我們還用植物蓋房子、織布或作為藥物。這項實驗展示了，沒有受到保護的土壤會怎樣遭到雨水沖刷，造成環境破壞，也透露出植物如何依賴土壤，而這種關係可回過頭來保護土壤。

這杯水帶有土壤的顆粒。

混濁或清澈？

在這項實驗中，水流經裸露的土壤，部分土壤受到侵蝕而流失，這也是為什麼左邊杯子的水是混濁的。中間的瓶子有一層覆蓋物（落葉或其他植物殘骸）保護了土壤，因此流下來的水比較沒那麼混濁。然而，有植物牢牢扎根的土壤，受到最好的保護，所以從這些土壤流出來的水幾乎是清澈的。

土壤的成分是岩石裂解後的小碎屑，加上動植物死去已久的殘骸。

這些草的根緊緊抓住土壤。

由於被沖刷下來的土壤很少，因此這杯水很清澈。

如何製造 侵蝕瓶

這項效果驚人的實驗很容易做，但需要一點耐心。至少提前一個星期開始組裝器材，讓小草有時間在瓶子裡生長。如果可以的話，要真正進行實驗時，最好在戶外測試。

時間
30分鐘，加上植物生長的時間。

難易度
適中

需要的東西

三個塑膠杯

奇異筆

鉛筆

繩子

萬用黏土

小草的種子

澆水壺

剪刀

覆蓋物（落葉或其他植物殘骸）

三個大寶特瓶

土壤

如果覺得直線不好畫，可以用尺輔助。

1 用奇異筆在寶特瓶上畫出一個大長方形。你需要做一個大開口，能讓土放進瓶子裡，並且方便澆水。

2 沿著畫好的線剪下來，把這片長方形塑膠拿掉。這個步驟可請大人幫忙。把這片用不到的塑膠拿去回收。

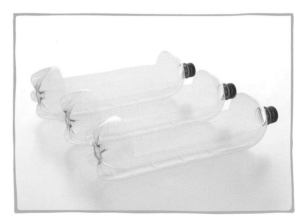

3 重複前面的步驟，處理另外兩個寶特瓶，最後會有三個相同的瓶子。先將其中兩個瓶子擱到一旁。

4 在瓶子裡鋪一層土，大約幾公分高。土壤的高度要比瓶口稍低一點。

5 把小草種子撒到土上，然後洗手。

不要澆太多水，以免土壤積水。

6 用澆水壺為小草種子灑水。澆到土壤濕潤的程度。

7 把瓶子放到光線充足，而且不會太冷的地方。每天澆一些水，以免種子枯死。大約一星期之後，草應該長出來了。

8 一旦長出草來，就可以動手準備另外兩個瓶子。把土裝到兩個瓶子裡，分量與裝到第一個瓶子裡的差不多。

落葉、莖桿、小枝條、乾草等，都可以作為覆蓋物。

9 其中一個瓶子只裝土壤。另一個瓶子則是在土壤層之上，鋪一層覆蓋物。完成之後，請把手洗乾淨。

用一團萬用黏土保護桌面。

這個步驟有點麻煩，可能要請大人幫忙。

10 接下來，製作三個迷你水桶。在每一個塑膠杯的側面，靠近杯口的相對位置上，用鉛筆筆尖戳出兩個小洞。戳洞前，先在底下墊一塊萬用黏土，保護桌面。

11 剪下三段繩子，每段約20公分長。把繩子的一頭穿過杯子上的洞，然後打結，這樣繩子就不會溜出來了。另一邊的洞重複同樣做法，完成一個提把。

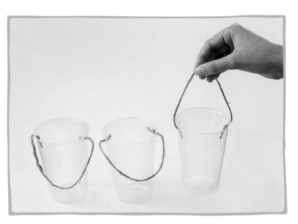

12 為另外兩個杯子製作提把。完成後，檢查這些提把牢不牢靠，是否能夠提起裝滿水的杯子。

13 把小水桶掛在瓶子的頸部。現在，可以進行實驗了。實驗可能會把現場弄得髒兮兮的，這部分盡量在戶外進行。旋開瓶蓋，把水分別從三個瓶子上方慢慢倒入。水會開始通過土壤，流到小水桶裡。

科學原理

根對植物的生存非常重要。根往下深入土壤，把水分吸收到根裡的管道中，這些管道往上延伸到植物長在地面上的莖與葉。每一株草擁有大小不一的根，從細絲狀的根，到幾乎和莖一樣粗的根。細絲狀的根在土裡不只會往下生長，還會往四面八方伸展。這些根形成複雜的網絡，牢牢抓住土壤。這就是為什麼種了草的瓶子，流出來的水幾乎是澄清的。

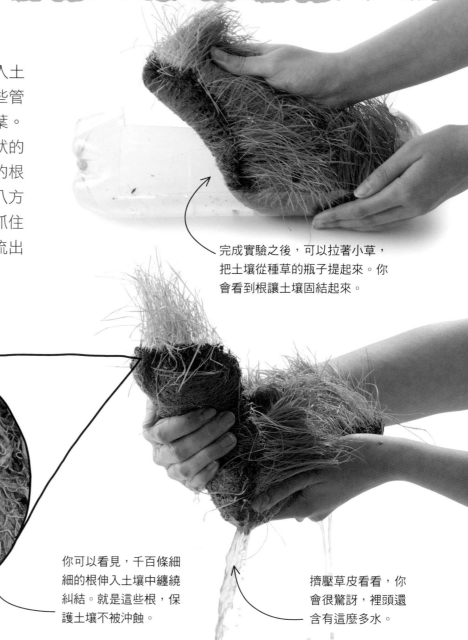

完成實驗之後，可以拉著小草，把土壤從種草的瓶子提起來。你會看到根讓土壤固結起來。

你可以看見，千百條細細的根伸入土壤中纏繞糾結。就是這些根，保護土壤不被沖蝕。

擠壓草皮看看，你會很驚訝，裡頭還含有這麼多水。

真實世界中的科學
土壤侵蝕

土壤如果沒有受到保護，遇到大雨時就會流失，一併把植物所需的養分帶走。如同這張從太空拍攝的影像，大量土壤被沖到河裡，可能會危害當地的魚類及其他野生生物。在河岸植樹種草，可預防土壤侵蝕。植物能抓緊土壤，可使河水保持清澈。農夫也可利用覆蓋層或植物的根，保護作物與動物所需的土壤。

用水栽種

這些豆苗種植在棉球上，完全不需要土壤。隨著植物逐漸長大，它們的根會往下延伸，找到水源。植物需要更多養分，才能長得強壯又健康，但一開始只需要光線和水就能生長。

葉子往上伸展，尋求光線。植物需要光線製造養分，幫助自己生長。

根會向下生長，朝著水而去。

250 ml

200

150

無土花盆

如果你正在執行一項漫長的太空任務，但是你的太空船沒有空間建造花園，你要怎麼栽種植物？你可以運用一種稱為「水耕栽培」的技術，讓植物不需要土壤就能生長。現在，你可以動手試試看！

如何製作
無土花盆

這種花盆很容易製作，而且使用的原料大部分是家裡常用的物品。種下的豆子需要幾天的時間才會生根、發芽，一兩個星期之後就會長成有莖葉的植物。

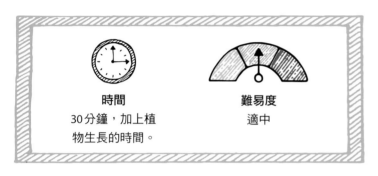

時間	**難易度**
30分鐘，加上植物生長的時間。	適中

需要的東西

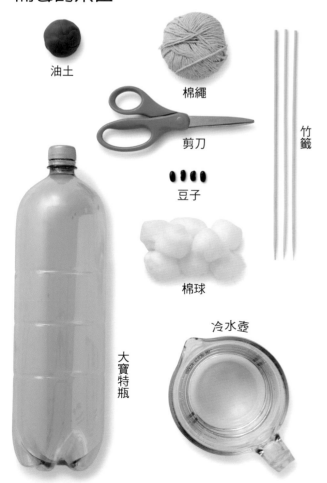

油土

棉繩

剪刀

竹籤

豆子

棉球

冷水壺

大寶特瓶

1 剪下五段棉繩，大約和寶特瓶一樣長。四條棉繩用來吸水，養活植物；一條是拿來把竹籤紮成三腳架，支持植物生長。

請大人幫忙剪。

2 小心使用剪刀，把寶特瓶的中間部分剪掉五公分寬的一環。保留上下部分，中間那一圈則拿去回收。

3 把寶特瓶的頂部倒過來，套在底部上。這就是提供種子生長的花盆，還能夠防止水分蒸發。

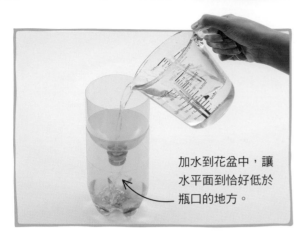

加水到花盆中，讓水平面到恰好低於瓶口的地方。

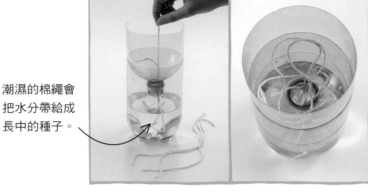

潮濕的棉繩會把水分帶給成長中的種子。

4 把水倒入花盆裡，讓水填充於瓶子的底部，幾乎快到瓶口的地方。水的高度應該大約有十公分。

5 將四條棉繩往下穿過瓶口，但是要留下幾公分的長度在上半部。

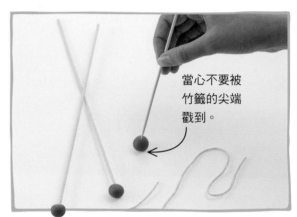

當心不要被竹籤的尖端戳到。

6 放幾團棉球在花盆上半部，然後撒幾顆豆子到棉球上。

7 接下來，做一個三腳架，在植物生長時可以支撐它們的莖。用油土把每根竹籤的尖端包起來。

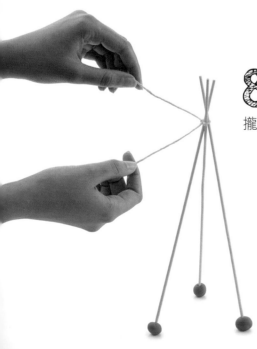

8 讓竹籤豎立起來，把頂端收攏、交叉。用最後一段棉繩從交叉處綁起來，做成三腳架。

9 把做好的三腳架插在棉球上，將花盆放在明亮的地方。

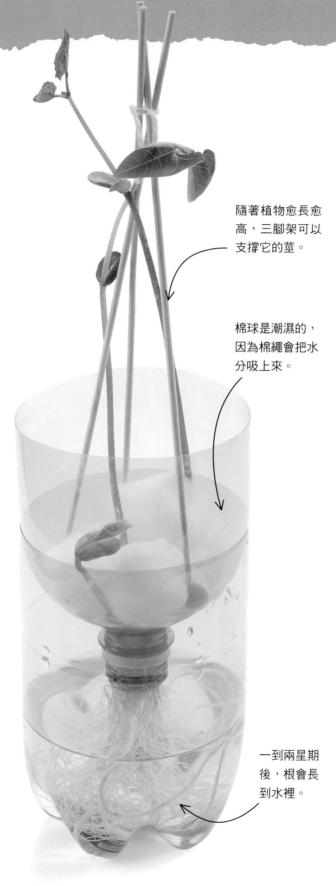

隨著植物愈長愈高，三腳架可以支撐它的莖。

棉球是潮濕的，因為棉繩會把水分吸上來。

一到兩星期後，根會長到水裡。

![10] 豆子應該幾天後就會發芽。種了幾個星期後，把植物移到有土壤的花盆栽種。如果不移盆，請大人協助在水裡添加肥料，這樣植物才能長得茂盛。

科學原理

水分由棉繩從花盆底部吸上來，滋潤棉球。豆子吸收水分後生根發芽。水、空氣、光線是植物開始生長所需的一切，所以豆子不需要土壤就能生長。植物的根裡面有「生長素」，根朝著水生長時，生長素引導根往下延伸。生長素讓根的一側長得較慢，導致根往重力方向彎曲。

由於重力的關係，根的下側有較多生長素，因此這一側生長得比較慢。

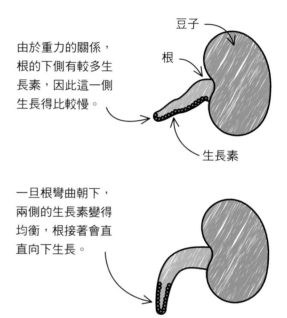

豆子

根

生長素

一旦根彎曲朝下，兩側的生長素變得均衡，根接著會直直向下生長。

真實世界中的科學
魚菜共生

有些植物種在水耕槽裡，用含有養分的水栽培，這些養分常見於土壤中，是植物快速、健康生長所需的營養。「魚菜共生」是水耕栽培的一種，又稱為「養殖水耕」，就是利用養殖於水槽中的魚所產生的廢物當做植物的養分。魚類提供植物養分，植物幫魚類過濾水。

育苗盆

園藝愛好者會用育苗盆來播種，給予種子呵護。這種自製的育苗盆是用碎紙漿做成的，把紙漿糊在塑膠花盆外成形。等到紙漿乾了，你可以把豆子種到盆子裡，觀察它如何生長。

紙做的花盆

這些紙花盆很適合移到戶外土地上種植，因為它們很容易在土壤中分解，不會造成任何危害。

紙花盆會在土裡腐爛，對環境無害。

紙花盆會呈現紙張原料的顏色。

如何製作
育苗盆

在這項活動中，你會把廢紙變成濕濕的糊狀紙漿，塗抹在花盆外成形，然後等它乾。我們用的是彩色圖畫紙，但你可以使用任何種類的紙張，舊報紙也可以。紙花盆乾了之後，形狀就固定下來，而且這種花盆移栽到土裡後就開始分解，不會破壞環境。

時間
30分鐘，加上24小時的乾燥時間。

難易度
適中

需要的東西

半杯麵粉　　土壤　　冷水壺

塑膠花盆　　豌豆　　玻璃碗

澆水壺

兩張A3彩色圖畫紙

花盆的底盤

1 把兩張彩色圖畫紙撕成大約一公分寬的紙條，再把紙條撕成小正方形紙片，放入玻璃碗中。

2 倒入足夠浸泡紙片的水到碗裡，水不需要太多，只要能讓紙片浸濕就可以了。

3 抓起一把紙片，用手擠壓。重複這個動作，直到紙張變得像糊糊的紙漿。

可以增加或減少麵粉的量，看看對花盆會有什麼影響。

4 把麵粉加到紙漿裡，然後用手搓揉，攪拌麵粉與紙漿，直到它們混在一起。

紙張是由纖維素組成的，纖維素是強韌的絲狀物質，為構成植物的重要成分。

5 拿起一團紙漿，輕輕擠出多餘的水。把紙漿塗抹在塑膠花盆的側面和底部，全部塗抹好之後，將花盆上下顛倒，放在溫暖乾燥的地方大約24小時，讓紙漿變乾。

小心一點，不要讓紙花盆破了。

6 紙花盆完全乾了之後，把塑膠花盆拿出來。小心的讓紙花盆從開口處鬆脫，然後摳住塑膠花盆的兩側，一邊輕輕晃動塑膠花盆，一邊把它從紙花盆裡拉出來。

這個步驟需要一點技巧，可以請大人幫你。

7 把土壤填入紙花盆裡,將豌豆種到土裡大約一公分深。處理完之後,把手洗乾淨。將花盆放到窗臺上,並在下面放一個底盤,以備萬一有水滲出來。

讓土壤維持在濕潤狀態,但是不要完全濕透。

8 為土壤澆水。定時察看,如果土壤變乾,要再補水。等豆苗長到約15公分高,就到戶外土地上挖一個洞,把花盆放進去,讓豆苗繼續生長。

科學原理

紙是由數百萬條的超細纖維構成,也就是「纖維素」。纖維素是形成植物細胞外層,也就是「細胞壁」的主要成分。紙張中的纖維素由微小的纖維「纖毛」連接在一起。在你把紙加水製造紙漿時,纖毛會與纖維素纖維分離。等紙漿變乾,纖毛回歸,又把纖維素纖維拉在一起。當你把紙花盆埋到土裡,微生物把纖維素纖維分解成更小的物質,於是紙張就逐漸變成土壤的一部分。

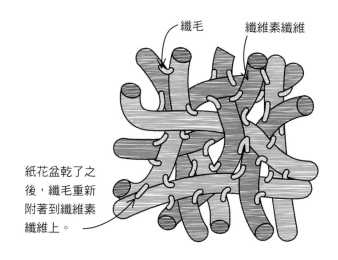

纖毛　　　　纖維素纖維

紙花盆乾了之後,纖毛重新附著到纖維素纖維上。

真實世界中的科學
紙張回收

紙張是最容易回收的物質之一,因為製造紙張的纖維素纖維可以打散成漿,再抄造成紙,這個過程可以一再重複。回收的廢紙會送到像照片中這樣的回收場,進行分類,分成好比紙板類或報紙類,再經過淨化,然後打漿。

菌絲體

玻璃罐中像白色纖維的東西稱為「菌絲體」，是真菌的主體。菌絲體從孢子長成，而孢子是真菌的生殖細胞，有些孢子是由「子實體」（例如菇與蕈的菌傘）產生。在這項實驗中，你可以在控制良好的條件下，培養出菌絲體。

這項活動任一階段的菌傘或是菌絲體都不可以吃！

氧氣可透過瓶口的棉紙進入罐子裡，因為真菌需要氧氣才能生存。

你可以從玻璃罐側面看到菌絲體的生長。

真菌吃什麼？

真菌不像植物會自己製造養分，需要靠其他物質獲得能量和養分來生長。這項活動中，長出菌絲體的孢子就是依賴瓦楞紙板。

如何培養 菌絲體

想養出滿滿一罐菌絲體，得確保你的手、罐子及紙板都是乾淨的。要是細菌混進罐子裡，它們會在裡頭生長，與菌絲體競爭。完成之後，請大人倒掉罐子裡的東西，玻璃罐拿去回收。

時間	難易度	注意！
90分鐘	適中	如果你對菇類過敏，請勿進行這項活動。

需要的東西

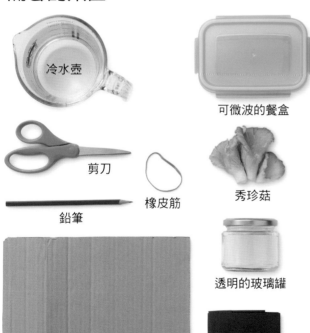

冷水壺

剪刀

鉛筆

橡皮筋

可微波的餐盒

秀珍菇

透明的玻璃罐

瓦楞紙板

薄棉紙

還需要一臺微波爐。

1 用鉛筆在瓦楞紙板上畫出六個圓形。沿著玻璃罐底部描邊，確保這些圓形大小合適，能放進玻璃罐裡。

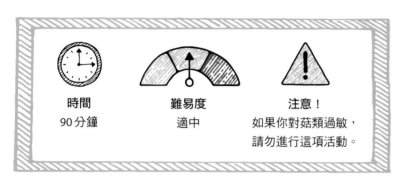

2 使用剪刀小心剪下圓形。這些圓形紙板讓菌絲體可以附著在上面生長。

水要完全淹過紙板。

3 把圓形紙板放入可微波的餐盒中，加水蓋過紙板。

把水加熱，殺死任何可能影響菌絲體生長的細菌。

4 將餐盒放入微波爐中，不加蓋，用最強的火力微波兩分鐘。微波完畢後，保持爐門關閉，讓餐盒放置一小時冷卻。

5 在把餐盒移出微波爐之前，先將你的手用肥皂澈底搓揉、沖洗，然後用乾淨的毛巾把手擦乾。

可以在超市買到秀珍菇。

6 把紙板從水裡撈出來，用手稍微擠壓，除去紙板所含的一些水分，但仍要保持濕潤。將所有紙板放到乾淨的盤子上。

7 將一片圓形紙板放入透明玻璃罐裡。在罐子上方，把秀珍菇剪成小塊，確保菇塊都落在紙板上。

最好讓菇塊位於每一片圓形紙板的中間，但也不需要太精準。

8 第一片紙板上有幾個菇塊之後，就蓋上另一片濕紙板，然後重複同樣的步驟。

9 把溼紙板一層一層疊起來，每一層都放幾個小菇塊。摸過秀珍菇後，請洗手。

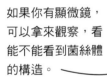

棉紙能讓空氣進入，空氣中含有真菌生存所需的氧氣。

10 不要把罐子的蓋子蓋上，改用一張棉紙蓋在罐口上，用橡皮筋套緊。

11 把罐子放到陰涼的地方，例如廚櫃裡面。每隔幾天察看一下。你會非常驚訝，怎麼這麼快就長滿了菌絲體！

科學原理

你看到長在地面上的一朵菇，其實只是一株真菌的一小部分。在那朵菇之下，潛藏著一大片由細絲構成的網絡，這整片就構成了菌絲體。真菌通常生長在土壤、腐朽的木頭或死去的動物等含有有機物質的腐敗物之中。真菌到了要繁殖的時候，菌絲體會從土中冒出，突出形成小球，然後長成一朵菇。接著，這朵菇會釋出上百萬顆孢子，孢子飄散四處，然後長出新的菌絲體網絡。

菌絲體由只有一個細胞寬的細絲構成，這些細絲稱為「菌絲」。

如果你有顯微鏡，可以拿來觀察，看能不能看到菌絲體的構造。

真實世界中的科學
蕈與菇

有些菇類和蕈類很營養，是非常好的食物，但許多菇蕈含有毒素，不要隨便吃野生的菇蕈，除非大人確定那是可以吃的。可食用的菇類是由菇類農場栽培出來的，菇農會盡可能讓濕度與溫度維持穩定。菇類在涼爽、陰暗、濕潤或潮濕的環境下，生長得最好。

氣象世界

研究天氣的科學稱為「氣象學」，研究氣象學的科學家叫做「氣象學家」。在這一章中，你會打造四種氣象儀器：測量冷熱的溫度計、測量空氣移動速度的風速計、測量大氣壓力的氣壓計，以及測量降雨多寡的雨量計。還會研究凍融作用，並學到水和冰怎麼讓岩石崩解。

氣壓計

雖然這麼說讓人難以置信，但是周遭的空氣正從各個
方向施加壓力在你身上。這種強大的作用稱為「大氣
壓力」，簡稱「氣壓」，可以用「氣壓計」這種儀器
測量。氣象預報專家利用氣壓計測量氣壓的變動，有
助於預測接下來幾天的天氣會如何變化。

大氣壓力

地球由一層厚度超過 100 公里的
空氣包圍著，也就是「大氣」。
在你之上的所有空氣造成了大氣
壓力。當空氣變熱變冷、空氣吸
收了蒸發而成的水蒸氣，或是空
氣中的水蒸氣在雨天時凝結而變
少，氣壓都會隨著改變。

記錄吸管每天在標尺上的位置。你
很快就能觀察到趨勢，然後預測這
些情形會在什麼時候重複出現。

吸管會往上或往
下移動，顯示大
氣壓力的變化。

如何製作
氣壓計

這種氣壓計很容易製作，只要從氣球剪下一片橡皮，套在玻璃罐口就行了。大氣壓力升高時，氣壓把橡皮往下壓，推擠封閉在罐子裡的空氣；大氣壓力降低，橡皮就能放鬆。把一根吸管黏在橡皮上，觀察它隨著氣壓改變而升降的情形。

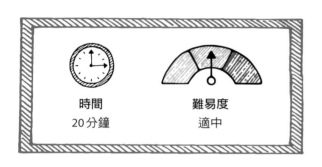

時間	難易度
20分鐘	適中

需要的東西

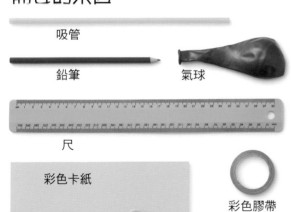

吸管

鉛筆

氣球

尺

彩色卡紙

彩色膠帶

橡皮筋

剪刀

玻璃罐

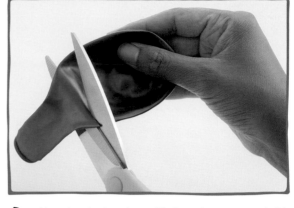

1 剪下氣球的頸部，拋棄頸部不用，這樣才能把橡皮套到玻璃罐的罐口上。你不需要先把氣球吹脹。

讓橡皮的表面平整。

2 把橡皮撐開，套到罐子上，將空氣封在罐子裡。拉緊橡皮，讓它不要有皺褶。

3 用橡皮筋把橡皮套緊，使罐子裡的空氣無法逃逸出來。

讓吸管的一端位在橡皮的中央。

4 接下來，剪下一小段膠帶，貼在吸管的一端。把吸管這一端放到橡皮的中間，然後把它黏牢。

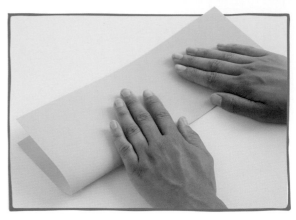

5 現在開始動手製作標尺。把卡紙的兩個長邊對齊摺好。

6 用尺從卡紙的一邊開始畫線，每條線條之間相隔一公分。

7 把氣壓計放在溫度變動不大的地方，遠離窗戶和暖爐。如果罐子裡的空氣變暖或變冷，它們會膨脹或收縮而影響實驗的結果。每天記錄氣壓計吸管的位置。你很快就能做出自己的天氣預報。

吸管一開始是水平的，但隨著時間過去，它會上升或下降。

吸管是水平的時候，代表罐子裡的壓力與外面的氣壓相等。

科學原理

如果你把橡皮往下壓，就會擠壓罐子裡的空氣。裡頭的空氣會反推回來，因此當你放手，橡皮就回到原來的位置。大氣壓力變化時，也會發生同樣的情形。當氣壓升高，也就是天氣晴朗時，外面的空氣會把橡皮往下壓。當不穩定的下雨天到來時，氣壓就會下降。

低氣壓：雨天

大氣壓力降低時，天氣會變得多雲有雨。

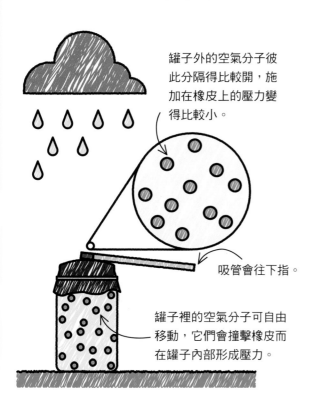

罐子外的空氣分子彼此分隔得比較開，施加在橡皮上的壓力變得比較小。

吸管會往下指。

罐子裡的空氣分子可自由移動，它們會撞擊橡皮而在罐子內部形成壓力。

高氣壓：晴天

大氣壓力升高，代表會有乾燥的天氣，天空晴朗無雲。

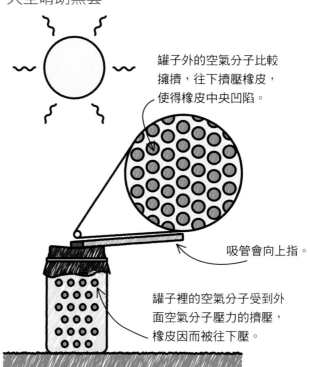

罐子外的空氣分子比較擁擠，往下擠壓橡皮，使得橡皮中央凹陷。

吸管會向上指。

罐子裡的空氣分子受到外面空氣分子壓力的擠壓，橡皮因而被往下壓。

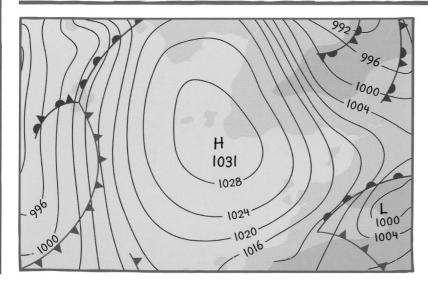

真實世界中的科學
等壓線

你可能注意到，電視上氣象預報員使用的天氣圖，布滿許多彎彎曲曲的線條。這些線條稱為「等壓線」，是把氣壓相等的各點連起來而形成的。等壓線上的數字愈大，氣壓愈高。而在低氣壓區，容易形成暴風雨。

雨量計

氣象學家、氣象預報專家等人員，會長期測量降雨量，並加以比較，找出天氣變化的模式。他們根據每週、每月、每年的紀錄，來推算何時可能會下大雨，或者乾旱是否即將來臨，這些對農民和園藝業者是很重要的資訊。為了測量降雨量，氣象專家會使用「雨量計」這種儀器。

雨水從雨量計上方的開口滴入。

雨量計的側面黏有一把尺，可以很容易測量出下了多少雨。

下雨天

你居住在多雨的地方嗎？或是你居住的區域很乾燥？一年當中，冬天比較常下雨，還是夏季呢？何不利用自製的雨量計留下每週、每月、每年的紀錄，找出真相！

如何製作
雨量計

製作這種簡易的雨量計，你需要剪下寶特瓶上面的部分，然後把礫石與油土放入瓶內，在底部做出平坦的表面。還要用膠帶將一把尺黏在雨量計側面，讓你能測量當地下了多少雨。

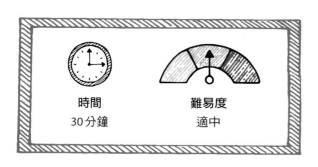

時間
30分鐘

難易度
適中

需要的東西

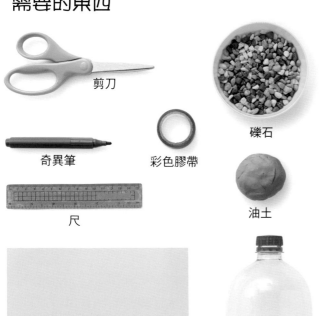

剪刀

奇異筆

彩色膠帶

礫石

油土

尺

彩色卡紙

大寶特瓶

1 把卡紙包在寶特瓶外面，幫助你畫線。在距離瓶口大約十公分的地方，用奇異筆繞著瓶身畫線。

使用剪刀要小心。

2 小心的沿著線條剪，將寶特瓶分成兩部分。當心銳利的邊緣，如果你覺得有困難，請大人幫你。

把膠帶摺進瓶子裡。

3 沿著瓶子上下部分的切口邊緣仔細貼上膠帶，膠帶的一半摺到瓶內，把剪得參差不齊的地方包起來。

如果你的寶特瓶底部不是平的，礫石可以把它填平。

4 把礫石倒入瓶子下半部，增加重量，讓瓶子不會傾倒。

5 把油土捏成厚厚的圓盤狀，直徑與瓶子一樣。盡可能捏得平整。

6 將油土圓盤放到礫石層之上，沿著圓周把油土往瓶身壓實，把縫隙密封起來，讓水流不下去。

7 用膠帶把尺黏在瓶子的側面上。尺上 0 的刻度線與油土圓盤的頂端對齊。

這個漏斗套在容器上方，可避免收集到的雨水蒸發，變成水蒸氣。

8 把瓶口部分倒過來，像漏斗一樣套在瓶子下半部上。將雨量計放在室外，遠離建築物或是樹木。下一場雨之後，檢查瓶中水平面的高度，把下了多少雨的量記錄下來。

更酷的實驗

何不記錄一整年的降雨量？如果你在每一星期的同一天同一時刻，把雨量計裡的雨水清掉，那麼你將會有長達一年的每週降雨量。你可以把每週總雨量畫成長條圖，就能知道哪幾個月最潮濕，或者你可以把這些結果，與網路上找到的世界各地平均雨量做比較。

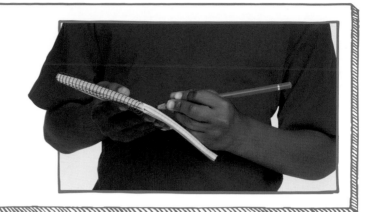

科學原理

下雨之後，雨水通常從下水道宣洩，或是被土壤吸收。如果雨水沒有這樣排掉，就變成地面的積水，雨下得愈多，水積得愈深。這也是雨量計的原理：收集特定區域（這裡是指雨量計頂端的圓形開口）的雨水，然後看看水有多深。如果你製作開口兩倍大的雨量計，它會收集到兩倍的雨水，但是由於雨量計的底面積也變為兩倍，水的深度仍然一樣。如果你有一個像足球場那麼大的雨量計，一場陣雨之後，它收集到的水可多達成千上萬公升，不過水深還是只有幾公釐而已。

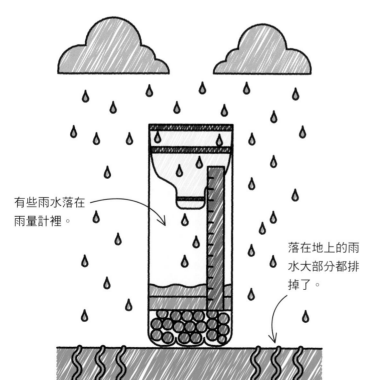

有些雨水落在雨量計裡。

落在地上的雨水大部分都排掉了。

真實世界中的科學
觀測雨量

對氣象學家與其他科學家來說，雨量計是非常重要的儀器。雨量計蒐集到的資訊，不只用來追蹤各地天氣長期如何變化，還用於預測未來天氣會變成怎樣。可以向民眾提供洪水和乾旱的預警，也能協助我們了解氣候變遷。而且不只科學家能從雨量計得到好處，農民也會利用雨量計來掌握作物獲得多少雨水。

溫度計

溫度計可測量溫度，也就是物體有多冷或多熱。溫度計有許多種，但最常見的是液體溫度計，也就是一根裡頭有液體的管子，液體會隨著溫度變化而升降。以下步驟說明會教你如何製作簡易的液體溫度計，室內或戶外都可以使用。

冷或熱？

溫度計放在家裡或外面，較冷或較熱的不同地方，觀察吸管內水平面的上升和下降。你需要有點耐心，水平面變化要花一點時間。

原來的水平面高度。

溫度愈高，水平面也愈高。

溫度變低時，吸管內的水平面會下降。

原來的水平面高度。

水中溶有食用色素，更容易觀察。

如何製作
溫度計

製作這種溫度計很容易，液體可以用有顏色的水，管子就是吸管。一旦你做好溫度計，也測試確定沒問題之後，就可以製作溫度標尺了，這會運用到「校準」程序。

時間	難易度	注意！
30分鐘	適中	這項實驗會用到熱水，務必要有大人在旁邊。

需要的東西

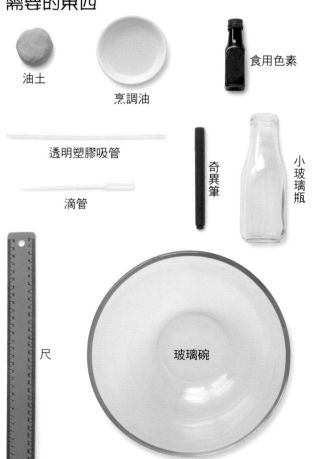

油土

烹調油

透明塑膠吸管

滴管

奇異筆

食用色素

小玻璃瓶

尺

玻璃碗

1 玻璃瓶中裝水到快滿的程度，然後加入幾滴食用色素。

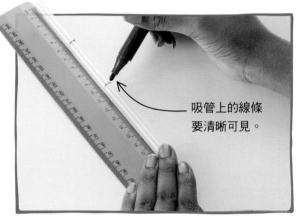

吸管上的線條要清晰可見。

2 用奇異筆在吸管上畫兩條線當做記號，一條線距離吸管末端五公分，另一條線距離吸管末端十公分。

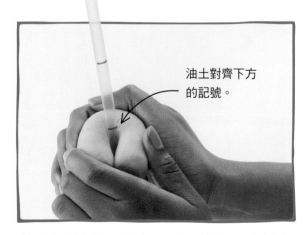

油土對齊下方的記號。

3 油土搓成長條狀，裏在吸管外，讓油土的頂端與下面的線條對齊。

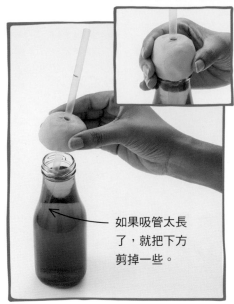

如果吸管太長了，就把下方剪掉一些。

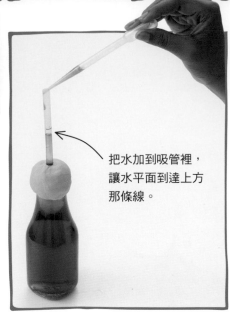

把水加到吸管裡，讓水平面到達上方那條線。

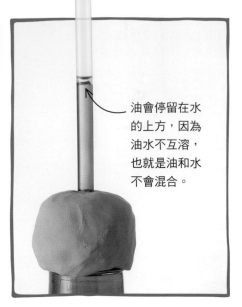

油會停留在水的上方，因為油水不互溶，也就是油和水不會混合。

4 把吸管下半部放入瓶子裡，但不要碰到瓶底。用油土把瓶口完全密閉起來。

5 另外取一些水混合食用色素，把染色的水用滴管加幾滴到吸管中。

6 加一滴油到水的上方，避免水分蒸發，變成水蒸氣。

溫度升高時，吸管中的水平面會上升。

小心不要讓熱水濺出來，或燙傷自己。

7 溫度計已經完成，而且可以馬上使用。為了測試是否管用，小心的把溫度計放入一碗熱水中。吸管裡的水平面應該會上升。

溫度變低時，吸管中的水平面會下降。

8 接著，把碗裡的水換成冰水，看看會發生什麼情形。

可以把冰塊加到碗裡，讓水變得十分冰涼。

更酷的實驗

你製作出來的溫度計只能顯示高溫或低溫，但你可以參考市售溫度計，加上溫度標尺後，就能知道確切的溫度讀值了。這種過程叫做「校準」。一開始先在碗裡裝熱水，然後讓水慢慢變涼。每隔一陣子，在你的標尺上標出水平面高度，以及市售溫度計顯示的溫度。要增加較低溫度的讀值時，把冷水加到碗中，讓溫度下降。

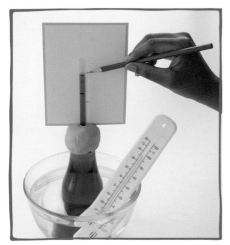

碗中裝熱水

碗中裝冷水

科學原理

水由很小的粒子組成，這類粒子稱為「分子」。分子不停的隨意到處移動。溫度愈高，分子運動得愈激烈，於是水開始膨脹，也就是占據更多體積。自製溫度計中，水膨脹後能去的空間就在吸管裡頭，這也是為什麼溫度計浸在熱水中，吸管的水平面會上升。溫度降低時，分子移動得比較慢，占據的空間較小，於是水平面下降。

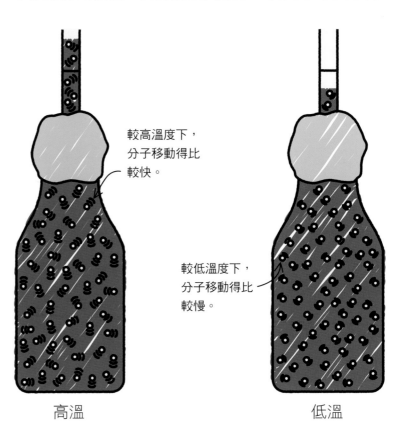

較高溫度下，分子移動得比較快。

較低溫度下，分子移動得比較慢。

高溫　　　　　　　低溫

真實世界中的科學
體溫

液體溫度計可用來測量室溫，或是檢查體溫，看看身體是否遭到感染。感染由病原引起，像是那些會在人體內

複製（繁殖）的細菌和病毒。遭受感染時，腦部會使體溫升高，以降低病原複製的速度。

風速計

風可以是微風輕拂，也可以是狂風大作，但其實都是流動的空氣。氣象預報專家、氣象學家使用一種叫做「風速計」的儀器來測量風速，也就是空氣流動的速度。你可以利用乒乓球和鞋盒製作風速計，然後測量風速。

流動的空氣

晴朗天氣即將轉成陰濕的壞天氣時，風速通常會變大。何不利用你自製的風速計記錄連續幾天的風速，看看天氣是如何變化的！

從量角器可看出
乒乓球被推移的
角度有多大。

風吹過來時,會
把乒乓球推開。

水魔力

這一章的實驗，讓你有機會運用堪稱是地球上最重要且最迷人的物質——水，來進行實驗。水是一種液體，擁有某些奇妙的性質，你將運用許多方式來做水的實驗，包括製造出巨大的泡泡。還會用冰做實驗，製作出冰淇淋！

四處飄浮

小泡泡的表面是繃緊的，形成完美的球形。它們往往很快落到地上，因為裡面含的空氣不多。相較之下，大泡泡含有許多空氣，會飄浮得久一點。大泡泡的表面不像小泡泡繃得那麼緊，於是形成扭曲不定的各種形狀。

巨大的泡泡

看到色彩繽紛的大泡泡優雅飄在空中，真是令人心情愉悅。在這項活動中，你會學到怎麼製作厲害的泡泡水和泡泡棒，吹出閃亮的巨大泡泡。這些泡泡破掉後，會把場地弄得黏答答的，因此，這絕對是你要到戶外進行的活動。

如何製造巨大的泡泡

想吹出持久的大泡泡，多雨的天氣前後，空氣潮濕時是最佳時機。空氣潮濕表示含有大量水蒸氣——空氣裡有許多水分，泡泡膜中水分蒸發的速度變慢許多，泡泡就能維持得比較久。

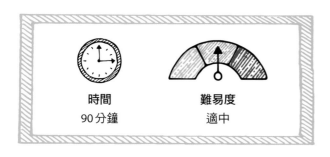

時間
90分鐘

難易度
適中

需要的東西

木湯匙

一湯匙甘油

一湯匙小蘇打

半杯玉米粉

棉繩

半杯洗碗精

彩色膠帶

墊圈

五杯水

剪刀

兩根可彎吸管

兩根植物支撐桿

水桶

1 把水倒入水桶中。最好是微溫的水，可幫助原料混合。

2 加入玉米粉，用木湯匙攪拌。如果有玉米粉沉澱，就再攪拌一下。

3 倒入甘油、小蘇打粉及洗碗精，輕輕的攪拌，盡量不要製造太多泡沫。讓混合液靜置一小時，不時攪拌一下。

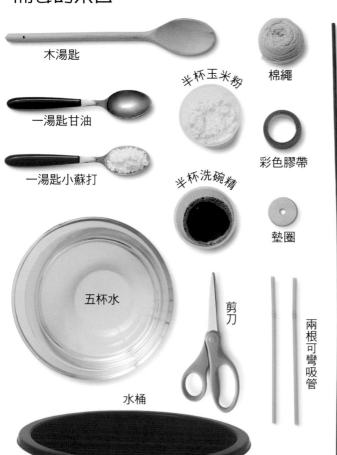

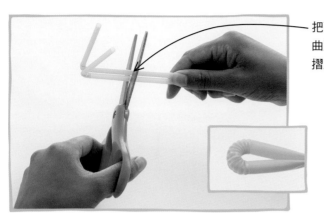

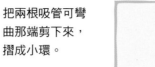

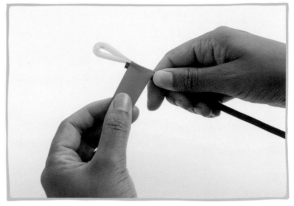

把兩根吸管可彎曲那端剪下來，摺成小環。

4 現在來製作可拉出泡泡的泡泡棒。把兩根吸管從中間剪斷，再從吸管可彎曲的地方對半摺成小環。

5 把一個小環靠在一根植物支撐桿頂端，用一段膠帶緊緊纏繞、固定好。另一根植物支撐桿也做同樣的處理。

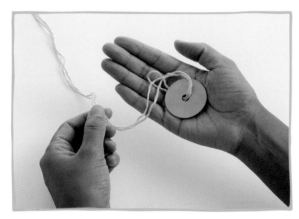

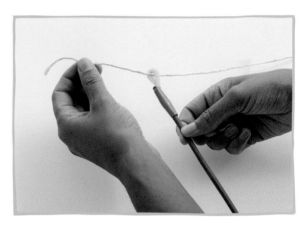

6 剪下一段兩公尺長的棉繩。把墊圈綁在繩子中點，打結固定或用繩環套住都可以，利用墊圈的重量使繩子下垂。

7 接下來，讓棉繩的兩頭分別穿過一個吸管小環。

8 把棉繩的兩頭綁在一起，形成完整的繩圈。泡泡棒已經準備就緒，製造巨大泡泡的時候到了！

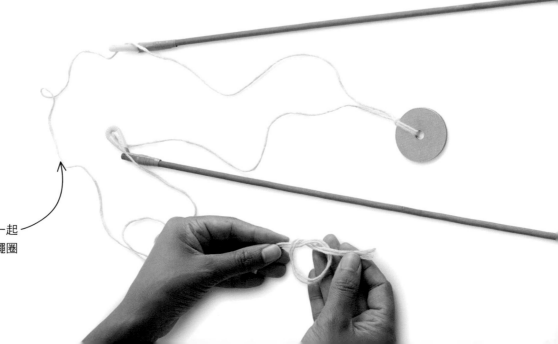

把棉繩兩頭綁在一起時，注意不要讓繩圈糾纏不清。

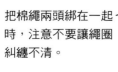

繩圈裡應該會形成一層肥皂膜。

9 將棉繩浸入泡泡液中，稍微攪動一下。慢慢把桿子往上提，移出水桶，讓棉繩離開泡泡液。先把兩根桿子的前端靠在一起，並確定棉繩都吸到泡泡液。

10 泡泡棒整個拿出來後，慢慢分開兩根桿子。你可能需要練習一會兒。當你分開兩根桿子，同時往後退一步，讓肥皂膜把空氣包進去。然後再把桿子靠攏，使肥皂膜合起來，形成泡泡。

何不使用其他種繩子來做泡泡棒，或是添加不同原料到泡泡液中？

把桿子拉開時，肥皂膜的面積應該會變大。

更酷的實驗

試試看，把手伸過繩圈的肥皂膜，只有在手是乾的情況下，肥皂膜才會破掉。乾燥的手在薄膜上戳出一個洞，膜中的水被往後拉而向周圍後退，於是薄膜就瓦解了。但如果手是潮濕的，薄膜中的水會抓緊手上的水。這種情形下，你把手縮回來，薄膜又會重新封起來。泡泡水可能會傷害皮膚，進行這項活動時，可戴上手套來保護皮膚。

科學原理

泡泡很像氣球，氣球是有伸展性的橡皮包著
空氣，而泡泡是肥皂水形成有伸展性的膜包
著空氣。只用水不能做出泡泡，因為水分子
會緊緊拉著彼此，形成水滴，而不是泡泡。
加入肥皂會改變這種情形。肥皂分子的一端
總是背對水，但分子的另一端會受到水的
吸引。最後，水被夾在薄三明治結構的
中間，上下都是肥皂分子。

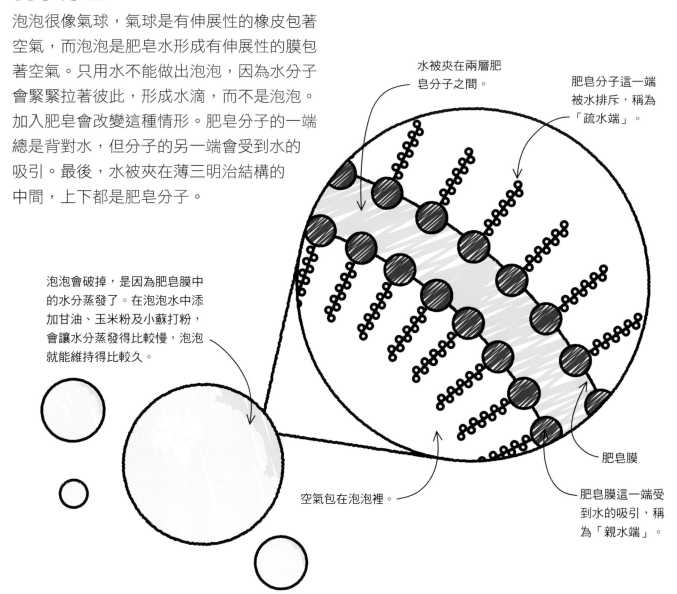

水被夾在兩層肥
皂分子之間。

肥皂分子這一端
被水排斥，稱為
「疏水端」。

泡泡會破掉，是因為肥皂膜中
的水分蒸發了。在泡泡水中添
加甘油、玉米粉及小蘇打粉，
會讓水分蒸發得比較慢，泡泡
就能維持得比較久。

空氣包在泡泡裡。

肥皂膜

肥皂膜這一端受
到水的吸引，稱
為「親水端」。

真實世界中的科學
大自然中的泡泡

大自然中常常見到泡泡。植物或動物製造出一些
物質溶解於水中，會產生類似肥皂的作用。泡泡
會出現在水花飛濺的地方，例如瀑布之下。有些
動物還會特地產生泡泡，例如紫螺利用黏液吹出
泡泡作為浮筏，以便漂浮在海上，牠們可以這樣
漂流數百公里遠！

空氣從漩渦中間往上竄。

水龍捲

水從排水口流掉，或船槳划出水面時，你會看到漏斗狀的迴旋水流，也就是漩渦。這種打轉的水流也出現在湖泊、河流和大海——波浪或潮汐等造成的水流當中，方向相反的水流交會也可能產生漩渦。你只要用兩個寶特瓶、食用色素、強力膠帶以及一些水，就能製造出酷炫的漩渦裝置。

漩渦轉啊轉

每一個漩渦裝置會用到兩個瓶口對著瓶口、黏在一起的瓶子，其中一個瓶子裝滿水，另一個瓶子裝滿空氣。讓裝滿水的瓶子在上方，輕輕搖晃，水會旋轉而形成漩渦。這種裝置可重複使用，每一次只要把它倒過來就行了。

向心力使得水朝著
中心往內旋轉。

漩渦中心的水
轉得最快。

如何製造 水龍捲

這個漩渦裝置有點像沙漏，不過裡面裝的是水，而不是沙子。製作起來很容易，只需要兩個大寶特瓶，以及有顏色的水。兩個瓶子接合的地方一定要封好，才不會漏水。

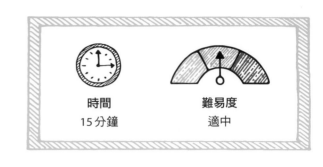

時間	難易度
15分鐘	適中

需要的東西

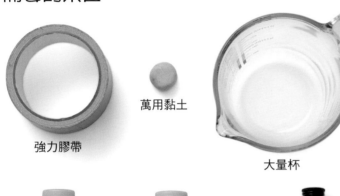

強力膠帶

萬用黏土

大量杯

食用色素

剪刀

兩個大寶特瓶

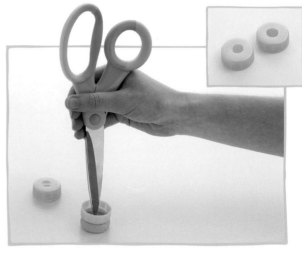

1 把一個寶特瓶的瓶蓋上下顛倒，放在萬用黏土上。用剪刀戳出一個直徑約一公分的洞，盡量讓洞口平整。用同樣的方式處理另一個瓶蓋。

2 量杯中裝滿水，加入一些食用色素。你需要準備差不多足以裝滿一個大寶特瓶的水，因此可能要用量杯裝不止一次水。

這個瓶子裝空氣。

水倒到接近瓶口的程度。

3 把有顏色的水倒入其中一個瓶子，直到接近瓶口。最好在室外或水槽裡倒水。另一個瓶子保持空的狀態。

用有顏色的水比較容易觀察漩渦。

4 把兩個瓶蓋都旋緊，要緊到水不會漏出來。可以請大人幫忙把瓶蓋旋好。

5 把裝空氣的瓶子上下顛倒，放在裝水的瓶子上。讓兩個瓶蓋的洞口對齊。

請大人協助完成這個步驟。

6 用強力膠帶把兩個瓶蓋纏繞起來。膠帶要拉緊，才能讓兩個瓶子密不可分，水也不會流出來。

7 將整個裝置上下顛倒。如果沒有讓水晃動得太厲害，水會停留在上面，即使水比下面的空氣重。

水壓在下方瓶子裡的空氣上。

如果膠帶有黏牢的話，水應該不會流出來，不過在室外進行實驗仍是好主意，以防萬一。

下方瓶子看起來是空的，其實不是，裡面有空氣，頂住了上面的水。

未搖晃裝置、製造漩渦之前，還是可能會有水滴到下方的瓶子裡。

8 雙手抓著瓶子，旋轉搖晃瓶子，讓水開始旋轉，產生漩渦。水會逐漸通過瓶子連接處往下流瀉。

水往下排放時，會形成什麼樣的水流？

漩渦旋轉了一陣子，下方瓶子積了很多水。

科學原理

把漩渦裝置翻轉過來時，一開始水並不會流下去，即使水比下方瓶中的空氣還重。這是因為下面的瓶子充滿空氣，空氣對瓶身施加壓力，也對上方的水施加壓力。空氣施加壓力撐住上方瓶中的水，一旦旋轉搖晃瓶子，讓空氣往上散逸，水就往下排了。

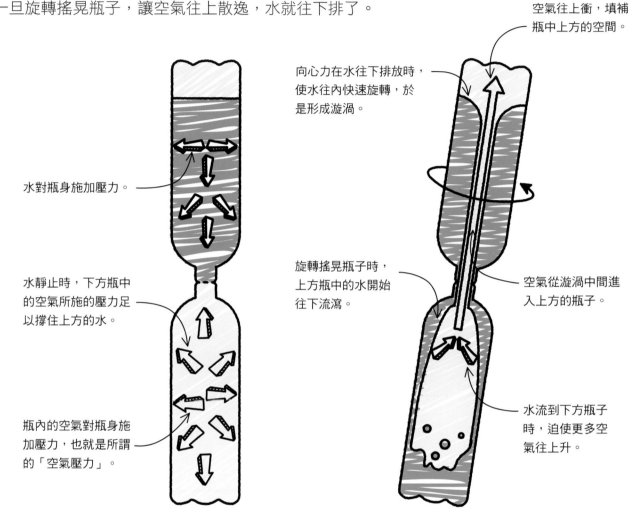

空氣往上衝，填補瓶中上方的空間。

向心力在水往下排放時，使水往內快速旋轉，於是形成漩渦。

水對瓶身施加壓力。

水靜止時，下方瓶中的空氣所施的壓力足以撐住上方的水。

旋轉搖晃瓶子時，上方瓶中的水開始往下流瀉。

空氣從漩渦中間進入上方的瓶子。

瓶內的空氣對瓶身施加壓力，也就是所謂的「空氣壓力」。

水流到下方瓶子時，迫使更多空氣往上升。

真實世界中的科學
龍捲風

你在瓶中製造出來的漩渦，看起來很像另一種渦流：龍捲風。這種危險可怕的旋風從積雨雲底部向下延伸到地面，能夠摧毀樹木、房子及車子。當積雨雲的上升氣流吸入周遭的空氣，產生帶著強風的快速旋轉空氣柱，就形成了龍捲風。

色鉛筆刺穿了大水袋，竟然一滴水都沒有漏出來！

水是什麼？

水由極其微小的水分子組成，一滴水由多達數億兆個水分子組成！在液態水中，分子可以在彼此周遭自由移動，所以水會流動。不過，水分子也會拉著彼此，這就是為什麼你把水濺出來時，它們會形成水滴。

奇妙的水

我們每天都會用到水，像是洗滌東西、烹煮食物、飲用、為植物澆水，甚至在其中游泳。水充滿於地球上的河流、湖泊及海洋，我們時常見到水化為雨的形式落下，所以我們很熟悉水的行為以及水帶來的感受。不過，水仍然會讓我們驚喜，如同這三項活動所展示的。你最好在室外做這些實驗，或至少在廚房的水槽進行，因為你可能會把自己弄濕！

從色彩絢麗的鹽水罐，學習密度的觀念。

將圖釘拔出來的話，你認為會發生什麼情形？

冰淇淋

大家都知道，大熱天裡一碗可口的冰淇淋，真是一道帶來暢快感受的甜點！可是你知道嗎？自己製作冰淇淋，樂趣甚至超越吃冰淇淋！只需要一點科學，以及一些簡單的原料：牛奶、鮮奶油、糖，加上一大把力氣來搖晃原料，讓它們混合均勻。你還可以加入巧克力豆或草莓，調出自己喜歡的味道，也可以撒上彩色巧克力米來裝飾。

這項實驗做出來的冰淇淋是香草口味，你可以嘗試做其他口味。

美味的甜點

冰淇淋是牛奶和鮮奶油混合之後，冷
卻到冰點以下而做成的。溫度下降的
過程中，牛奶與鮮奶油中的水結成冰
晶，賦予冰淇淋獨特的口感。

撒上彩色巧克力
米或彩虹糖，增
添脆脆的口感。

加入草莓果丁，
為冰淇淋增添一
抹色彩。

如何製作 冰淇淋

這項令人流口水的活動非常簡單，但可能會弄髒場地，所以最好在室外進行。首先，在處理原料之前，把手洗乾淨。在搖晃拋甩塑膠袋之前，記得檢查所有袋子都密封好，冰淇淋混合液或加了鹽的冰才不會漏出來。

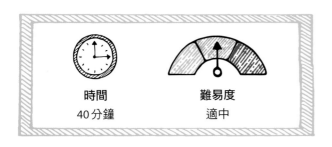

時間
40分鐘

難易度
適中

需要的東西

兩條抹布

少許香草精

50公克砂糖

180毫升高脂鮮奶油

180毫升牛奶

150公克粗鹽

一個大的食物夾鏈袋

兩個小的食物夾鏈袋

一大碗冰塊

手提塑膠袋

1 打開一個小夾鏈袋的袋口，倒入高脂鮮奶油。鮮奶油是水和脂肪球的混合液。

2 把牛奶倒入同一個袋子。牛奶跟鮮奶油一樣，大部分是水，但脂肪球比較少。

3 加入糖，讓冰淇淋有甜甜的滋味。糖還能避免混合液中形成的冰晶變得過大。

先封住一部分袋口,擠出空氣,再完全封起來。

兩個袋子都要緊密封好。必要時,可貼上膠帶。

4 最後要加的原料是少量的香草精。不需要攪拌袋子裡的原料,但在封住袋口之前,務必輕輕的把空氣擠出來。

5 裝著所有原料的袋子密封好之後,放進另一個小夾鏈袋。多一層夾鏈袋保護冰淇淋混合液,確保不會與下一步驟的冰塊和鹽混在一起。

小心的把冰塊倒入大夾鏈袋中。

6 將冰塊裝入大夾鏈袋,再把裝著冰淇淋原料的袋子放進去。冰塊會開始把牛奶和鮮奶油的熱吸走,但是光靠冰塊,帶走的熱不夠多,無法冷卻成冰淇淋。

7 讓冰淇淋混合液埋在冰塊中,然後倒進粗鹽,封好袋口。加入鹽可使冰塊從牛奶和鮮奶油吸收更多熱。鹽和冰的混合物溫度能降到 −21℃,所以請小心,不要用手觸摸。

把鹽倒入大夾鏈袋,加在冰塊上。

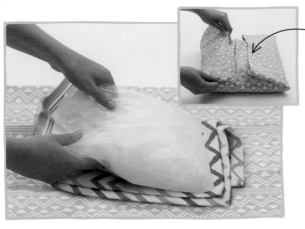

裡面的冰塊和鹽正在吸走牛奶與鮮奶油的熱。

最好使用厚的手提塑膠袋。

8 用兩層抹布把夾鏈袋包成包裹一樣。這樣能保護你的手不會凍傷，也讓冰淇淋混合液容易拋接。

9 把包裹放入手提塑膠袋裡，讓抹布緊緊包住裝著冰的密封袋。

冰淇淋是
固體、液體和氣體
的混合物。

10 將手提袋的開口打結，然後隨意搖晃、搓揉、轉動、拋擲，大約15分鐘。在混合液冷卻過程中，要不停晃動它，不然牛奶和鮮奶油的冰晶會結得太大，做出來的冰淇淋就不會滑順綿密。

11 把手洗乾淨，然後解開手提袋的結，拿掉抹布。小心打開大夾鏈袋，不要讓融化的冰塊流出來。最後，取出小夾鏈袋，打開來就能看到自製的冰淇淋！

如果冰淇淋還太軟，把所有東西重新封裝回去，再多搖幾分鐘。

更酷的實驗

根據這項實驗做出來的冰淇淋，足夠你和三個朋友分享。想製作更多冰淇淋，就把原料的分量加倍，並使用更大的夾鏈袋。想變化花樣，讓冰淇淋有不同風味，可在把冰淇淋混合液冷卻之前，加入新鮮水果丁或巧克力豆。冰淇淋完成後，可舀幾球放在鬆餅旁，或是裝在甜筒中端出來。

科學原理

我們常說物質有固體、液體、氣體三種狀態，不過，冰淇淋既不是固體，也不是液體，而是「膠體」。膠體是混合物，由一種物質的微小顆粒均勻散布在另一種物質之中。冰淇淋是冰晶（固體）、脂肪（液體）和小氣泡（氣體）組成的。在冰淇淋冷卻時隨意搖晃它，是為了不讓冰晶變得太大，確保冰淇淋滑順綿密。

用搖晃方法做出的冰淇淋

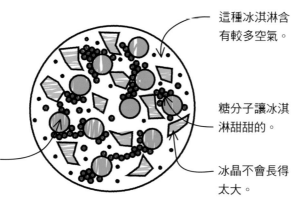

脂肪球懸浮在液體中。

這種冰淇淋含有較多空氣。

糖分子讓冰淇淋甜甜的。

冰晶不會長得太大。

不經搖晃做出的冰淇淋

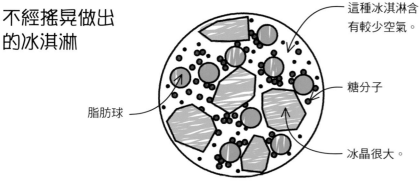

這種冰淇淋含有較少空氣。

糖分子

脂肪球

冰晶很大。

真實世界中的科學
各式各樣的膠體

我們日常生活中用到的東西，有許多是膠體。舉例來說，發泡鮮奶油是小氣泡散布在液體中的混合物，這類膠體屬於「泡沫」；美乃滋是小油滴散布在水裡的混合物，這類膠體屬於「乳液」；霧和靄是小水滴懸浮在空氣中形成的，這類膠體叫做「氣溶膠」。

彩紋卵石

將閃亮的指甲油倒入水中，形成彩色油漬，然後用鵝卵石沾取油漬，創造出如同大理石紋般的流轉圖案。這些卵石可當做獨特的禮物，或是花園中吸睛的擺飾。我們能夠這樣做，是因為指甲油與水不互溶，意思是說它們不會互相混合。指甲油會浮在水面上，形成一層彩色薄膜，正好讓你沾染卵石。

卵石上的綺麗花紋，
是用石頭沾取水面上
的指甲油而形成的。

繽紛的顏料

指甲油是「懸浮液」，意思是有
微滴或固體粒子懸浮其中，且不
容易沉澱的液體。指甲油中的懸
浮粒子是微小的顏料顆粒，顏料
是讓指甲油有顏色的化合物。

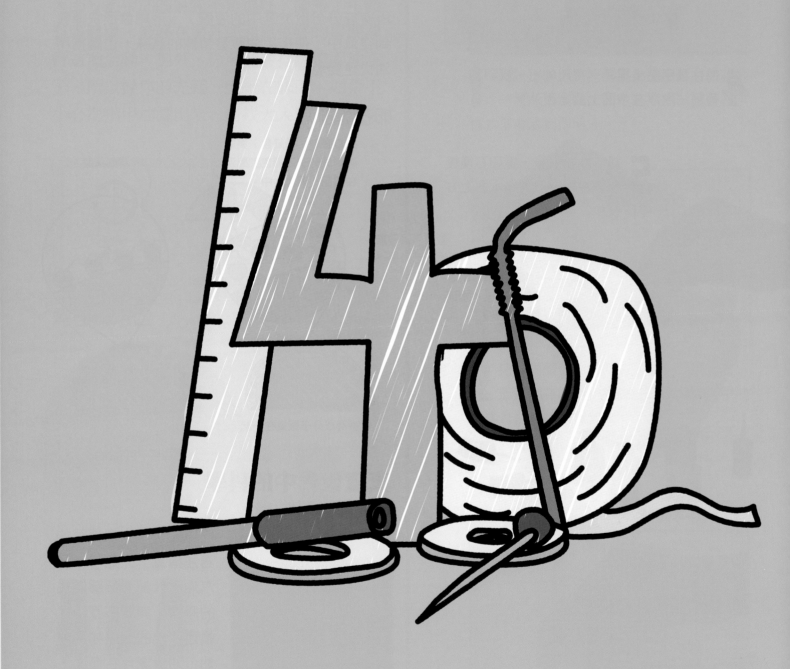

天地之間

戶外超棒的！在這一章中，你將製造竹蜻蜓、風箏，甚至火箭來探索天空，並了解空氣施展的力。你也能透過從太陽位置判斷時間的日晷、可判別方向的指南針，學到跟地球有關的知識。你還能製造美麗的晶洞——這種礦物晶體結構可是要數千或數百萬年才能形成呢！

旋轉的翼片

直升機的旋翼劃過空氣時，能產生升空所需的升力，這一點和飛機的機翼有點像。它們的不同處在於，飛機機翼必須向前移動才能產生升力，而直升機是靠著快速旋轉，所以即使直升機懸停在空中沒有移動，旋翼仍然可產生升力。

翼片有稍微扭轉，旋轉時以傾斜角度與空氣相遇。

翼片劃過空氣時，會把空氣往下推。

竹蜻蜓

直升機是一種很了不起的運輸工具。它能就地起飛，不需要跑道，還能往前後左右各個方向飛行。只要利用一根吸管和一張紙或卡片，就能做出簡易的直升機模型——竹蜻蜓，並探討翼片產生的力。

如何製作
竹蜻蜓

請按照步驟說明來製作，最後可能需要進行飛行測試，再加以調整。翼片短一點或吸管長一些，竹蜻蜓的飛行會很不一樣。你還可以試驗不同厚度的紙張或卡片對飛行有什麼影響。

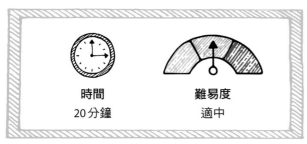

時間	難易度
20分鐘	適中

需要的東西

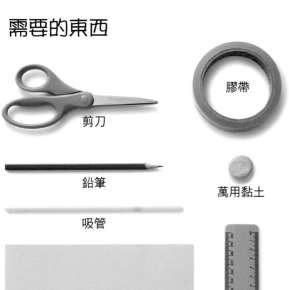

剪刀

膠帶

鉛筆

萬用黏土

吸管

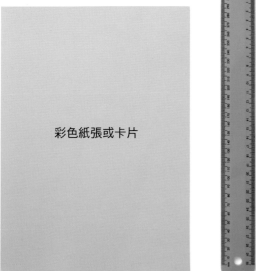

彩色紙張或卡片

尺

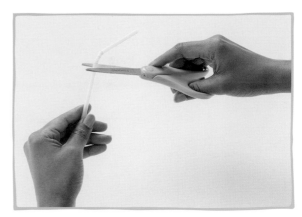

1 如果你拿到的是可彎吸管，用剪刀從可彎部分之下剪斷。使用直的那一段，讓竹蜻蜓穩定飛行。

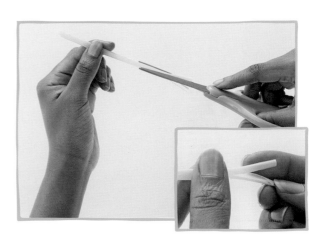

2 用剪刀把吸管的一端剪開成兩等分，剪開的長度大約一公分。吸管這兩小片要用來固定翼片。

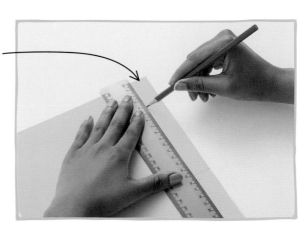

書後面有附模板，可描下來使用。

3 現在來製作翼片。把紙張或卡片鋪在桌上，在紙張角落畫一個2公分寬、14公分長的長方形。

4 把畫在紙張或卡片上的長方形剪下來，盡量不要在這個階段弄彎它。

往內量出一公分的地方，可確保記號畫在正中央。

5 在剪下來的長方形，量出長邊的一半，也就是距離短邊七公分的地方，用鉛筆在中心點做個記號。

6 將翼片放在萬用黏土上，用鉛筆筆尖在剛才標記的中心點戳出一個洞。

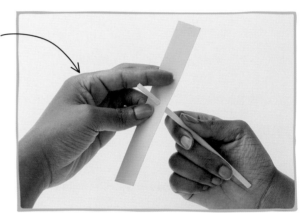

盡量不要在這個階段弄彎翼片。

7 把吸管剪開那一頭穿過翼片上的洞。如果洞不夠大，小心的用鉛筆戳大一點。

8 將吸管口剪開的那兩小片往相反方向扳，攤平鋪在翼片上，用膠帶黏好。讓翼片保持平整。

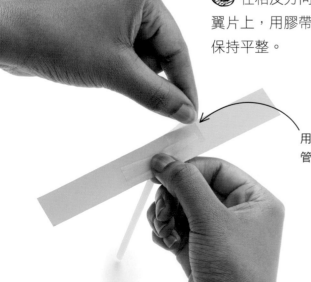

用兩小段膠帶把吸管黏在翼片上。

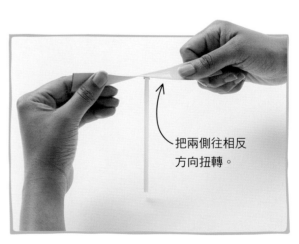

把兩側往相反方向扭轉。

9 現在終於要扭轉翼片了。兩手分別捏住翼片的兩端，往順時針方向慢慢扭轉。

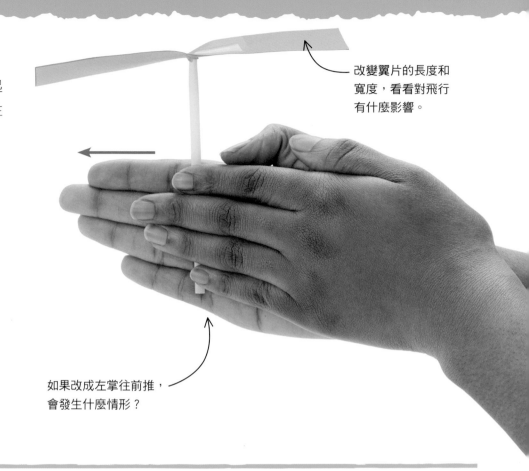

10 竹蜻蜓完成了！要讓它起飛，就用兩手的手掌夾住吸管，右掌往前推，然後放手。

改變翼片的長度和寬度，看看對飛行有什麼影響。

竹蜻蜓藉由旋轉傾斜的翼片，產生往上的升力。

如果改成左掌往前推，會發生什麼情形？

科學原理

竹蜻蜓的翼片轉動時，傾斜的翼片把周遭空氣往下推，使翼片下方的空氣壓力較高、翼片上方的壓力較小。高壓空氣把翼片往上推，這種力稱為「升力」。可製作不一樣的竹蜻蜓，像是改變翼片的長度和寬度、翼片的扭轉程度、吸管的長度等等，找出最佳組合。

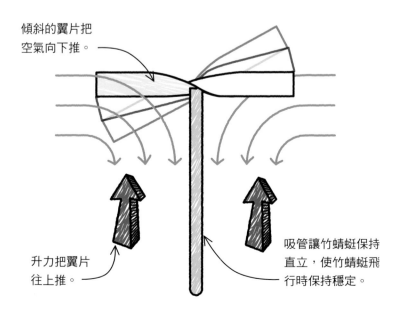

傾斜的翼片把空氣向下推。

升力把翼片往上推。

吸管讓竹蜻蜓保持直立，使竹蜻蜓飛行時保持穩定。

真實世界中的科學
無人飛行載具

無人飛行載具又稱「無人飛機」，它的旋翼與竹蜻蜓類似。無人飛機由馬達推動旋翼，使翼片不停旋轉而產生升力。翼片旋轉得愈快，升力愈大。無人飛機要轉彎，就是讓一側的旋翼轉得比另一側旋翼快。

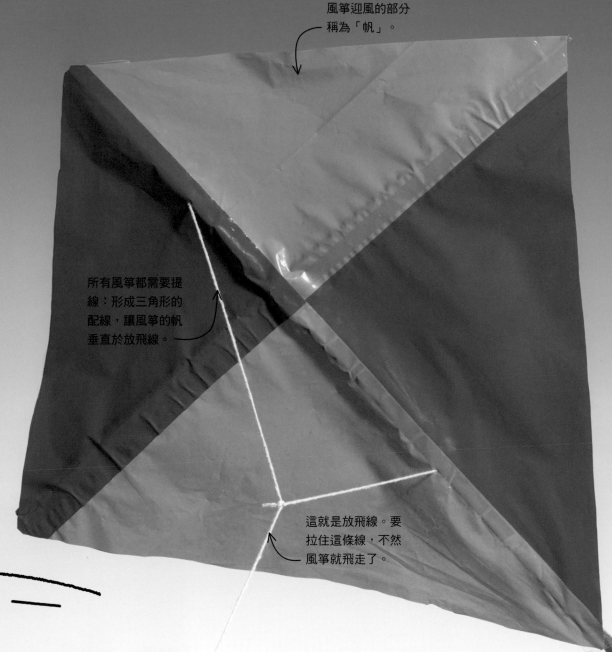

風箏迎風的部分
稱為「帆」。

所有風箏都需要提
線：形成三角形的
配線，讓風箏的帆
垂直於放飛線。

這就是放飛線。要
拉住這條線，不然
風箏就飛走了。

菱形風箏

風吹來時，沒有什麼比放風箏更能讓我們體驗風的力量。風可使風
箏在空中翱翔，但風箏卻是由你在地面掌控。在這項活動中，你可
以利用家裡現有的物品，自製能飛上天的鮮豔風箏。如果放風箏激
發了你的靈感，不妨做些改變：使用不同材料做風箏的帆會如何？
做出更大的風箏或用更長的線，又會怎樣呢？

來放風箏吧！

放風箏需要練習和耐心，但你會發現所有努力都很值得！由於海邊通常有風吹拂，海灘是放風箏的好地點，只要人潮沒有太多的話。不要在暴風雨或刮大風時放風箏，也千萬別在電線或機場附近放風箏。

風箏尾巴會在風中飛舞。

如何製作 菱形風箏

為了製作風箏迎風面的帆，你需要用到輕盈、扁平且柔軟的材料。這只風箏要用兩個手提塑膠袋來做，還需要兩根強韌又有彈性的桿子，以及很長的細繩，用來繫住飛上天空的風箏！

時間	難易度
45分鐘	困難

需要的東西

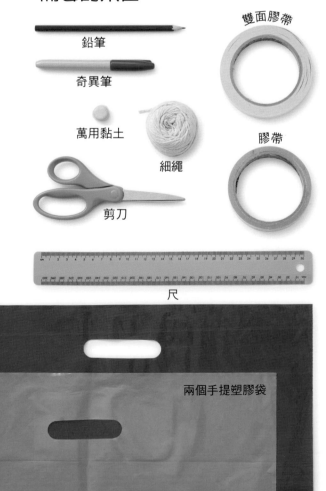

鉛筆

奇異筆

萬用黏土

細繩

剪刀

尺

雙面膠帶

膠帶

兩根植物支撐桿

兩個手提塑膠袋

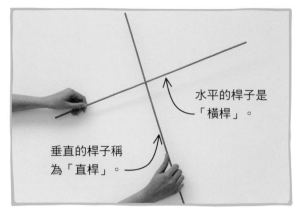

水平的桿子是「橫桿」。

垂直的桿子稱為「直桿」。

1 讓兩根植物支撐桿互相垂直，橫桿放在直桿中間稍高一點的位置上。

2 剪下一段大約40公分長的細繩，用來把橫桿與直桿綁在一起。

3 繩子繞過桿子交叉處數圈，把兩根桿子綁牢。兩根桿子還是要互相垂直、橫桿位在直桿中間稍高一點的地方。

有需要的話，找大人幫忙打結。

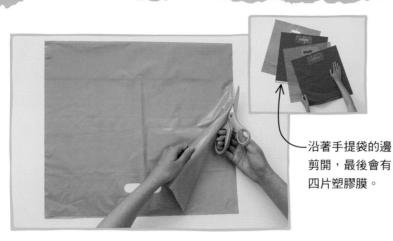

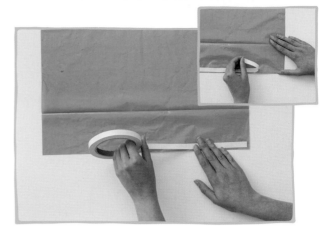

沿著手提袋的邊
剪開,最後會有
四片塑膠膜。

4 從每個手提袋的兩側剪開,再把底部剪開,所以最後總共有大小與形狀相同的四片塑膠膜。

5 在其中一片塑膠膜底部貼上雙面膠帶,盡量貼平整一點,撕開膠帶的紙片。

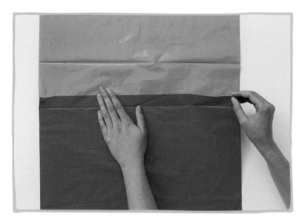

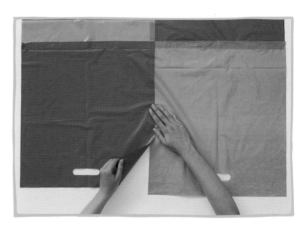

6 把另一片不同顏色的塑膠膜底部,小心的疊在第一片塑膠膜的雙面膠帶上,仔細壓平黏好。

7 用雙面膠帶,把四片塑膠膜黏成如上圖中展示的拼布圖樣。盡量讓每一片塑膠膜平順的黏合在一起。

如果橫桿與直桿
互相垂直,就能
與接合處對齊。

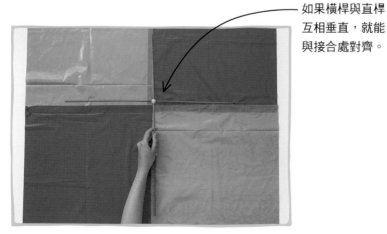

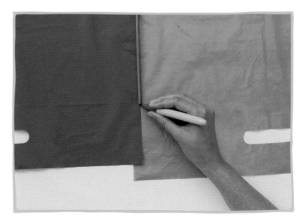

8 把交叉的桿子放在拼布圖樣上,讓桿子的交叉點位在塑膠拼布的中心上。

9 用奇異筆把每根桿子末端的位置標記在塑膠拼布上。標好後將桿子放到旁邊。

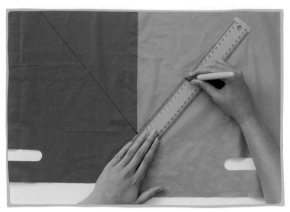

10 把剛才做的四個記號，用尺和奇異筆畫線連起來，這就是帆的輪廓。

剪剩的塑膠膜要留下來，用來製作風箏的尾巴。

11 沿著直線整齊的剪下來，風箏菱形的帆出現了！

12 把交叉桿子放在帆上，仔細的讓桿子末端和菱形的四個角對齊。

13 用膠帶把桿子的末端黏在帆上。把它們確實緊密的黏好，不然風箏會在風中解體！

把塑膠長條打結綁在一起。

14 把剩下的塑膠膜剪成長條，將不同顏色的長條交替打結接在一起，做成風箏的尾巴。

15 將尾巴緊緊綁在直桿上，然後移到底部。

這個記號是風箏頂端到交叉點的中點。

這個記號是交叉點到風箏底部的中點。

16 在風箏頂端（頭）與交叉點的中點做一個記號，接著在交叉點與風箏底部（尾）的中點做第二個記號。把萬用黏土墊在兩個記號底下，依照記號的位置用鉛筆在帆上戳出小洞。

17 剪下一段和直桿一樣長的細繩，把繩子從帆上的一個洞穿過去，再從另一個洞穿回來，把繩子的兩端各綁在直桿上做了記號的位置。

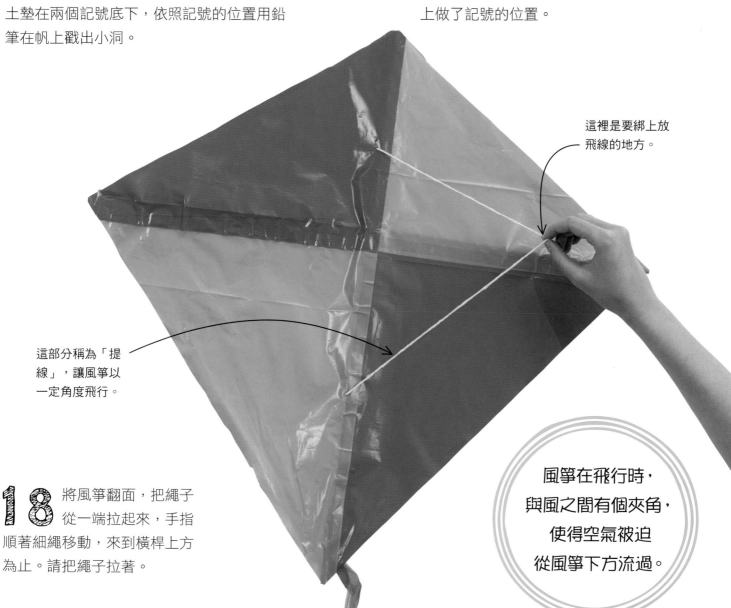

這裡是要綁上放飛線的地方。

這部分稱為「提線」，讓風箏以一定角度飛行。

18 將風箏翻面，把繩子從一端拉起來，手指順著細繩移動，來到橫桿上方為止。請把繩子拉著。

風箏在飛行時，與風之間有個夾角，使得空氣被迫從風箏下方流過。

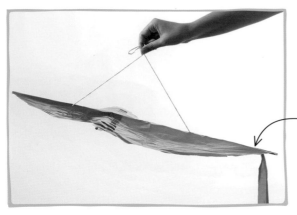

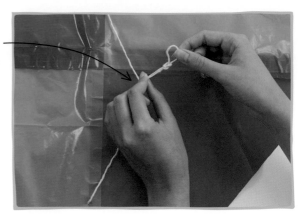

如果覺得有困難，
可以請大人幫忙。

風箏的尾端應
該比風箏頭稍
低一些。

19 用手指持續拉住繩子，讓風箏懸吊
起來。風箏應該有點傾斜，這時的
風箏頭要比風箏尾高一點。

20 在手指拉住的地方，把繩子綁出一
個小環，以便用來連接放飛線。

繩子要牢牢綁
在鉛筆桿上。

21 剪下一段長長的細繩，或乾脆把剩
下的整捆繩子拿來用。將繩子的一
端綁在鉛筆桿的中間，這就是放風箏時可握
住的把手。

22 接著，把整段長繩繞在鉛筆桿上。
風箏在空中爬升得愈高，放出去的
繩子就要愈長。

23 將長繩的另一端綁在提線上
剛才做出來的小環。現
在，風箏準備起飛了！在有風
的日子（千萬別選暴風雨來
的時候），帶著風箏到
開闊的空地上放飛，
地勢高的地方更
理想喔！

科學原理

讓風箏升空的風，只是流動的空氣。由於風箏稍微傾斜，流動的空氣必須轉彎向下，從帆的下方通過。沿著帆往下流動的空氣把風箏往上推，這種力稱為「升力」。風把風箏往上、往前推時，你手中握的放飛線把風箏往下、往後拉。風愈強，你必須出愈多力拉住風箏，風箏才不會飛走，如果風停了或是你放鬆繩子，重力會把風箏往下拉，使它墜落到地面。

提線確保風箏飛行時與風會有夾角。風箏傾斜，使風必須從風箏下方流過。

風把風箏往前、往上推。

背對風，鬆開一些放飛線，但要拉好。風箏應該就能升空了。

放飛線上的「張力」可避免風箏飛走。

「升力」把風箏往上推。

重力把風箏往下拉。

真實世界中的科學
風箏衝浪

風箏衝浪玩家將大型運動風箏繫在腰上，踩著衝浪板，加速滑行於海面上。運動風箏比你自製的風箏複雜，它不只有一條放飛線，而是兩條，讓玩家更能掌控風箏。拉扯其中一條線，可造成流過風箏兩側的空氣不一樣，而使風箏轉彎，改變方向。運動風箏還能讓玩家騰空，表演困難的特技，例如跳躍、翻滾及旋轉。

水火箭

五、四、三、二、一、發射！你可以製造一具高速射向天空的厲害火箭，卻不必使用任何火箭燃料！這具火箭利用空氣、水和肌肉的力量，把寶特瓶發射到空中。你的火箭雖然到不了其他星球，但它能達到的速度與高度，仍會讓你驚奇不已。所以，快去準備需要的物品，等著升空吧！

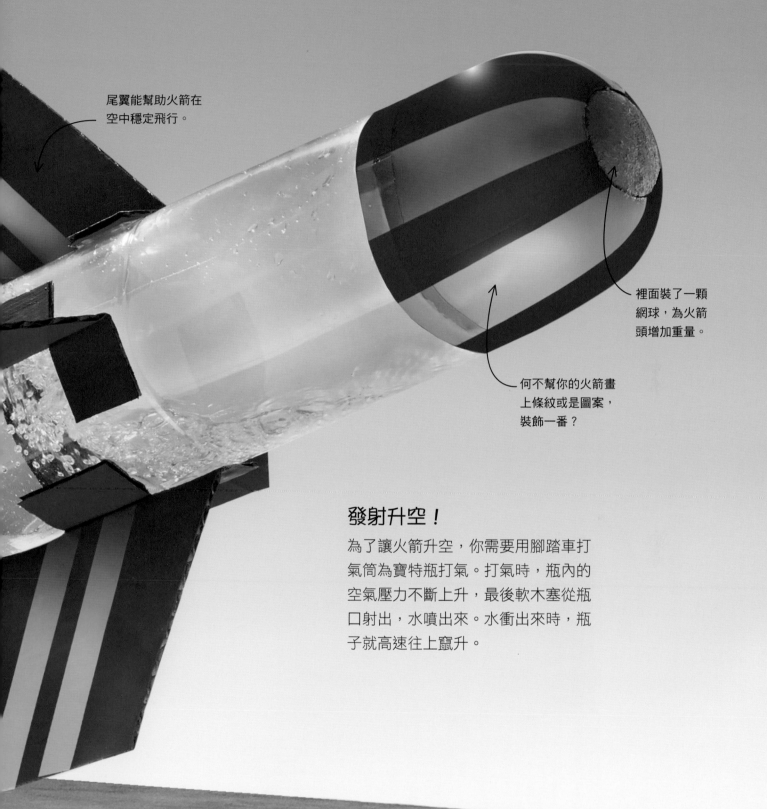

尾翼能幫助火箭在
空中穩定飛行。

裡面裝了一顆
網球,為火箭
頭增加重量。

何不幫你的火箭畫
上條紋或是圖案,
裝飾一番?

發射升空!

為了讓火箭升空,你需要用腳踏車打
氣筒為寶特瓶打氣。打氣時,瓶內的
空氣壓力不斷上升,最後軟木塞從瓶
口射出,水噴出來。水衝出來時,瓶
子就高速往上竄升。

如何製作水·火箭

這項實驗利用空氣壓力來發射火箭,讓它一飛沖天。製造這種火箭會用到兩個寶特瓶:一個用來做火箭的箭身,一個用來製作火箭前端的頭錐。這項實驗有點繁複,不過,從來沒有人說過火箭科學很容易!

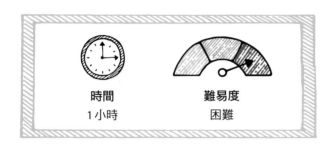

時間	難易度
1小時	困難

需要的東西

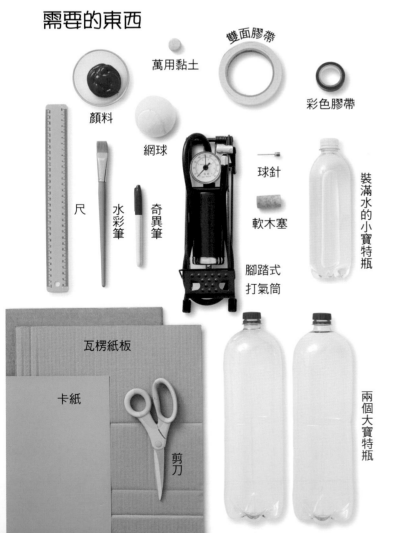

雙面膠帶
萬用黏土
彩色膠帶
顏料
網球
球針
軟木塞
尺
水彩筆
奇異筆
裝滿水的小寶特瓶
腳踏式打氣筒
瓦楞紙板
卡紙
剪刀
兩個大寶特瓶

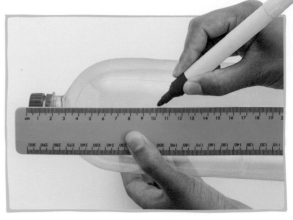

1 在一個大寶特瓶上,距離蓋子頂端十公分的地方,用奇異筆做個記號。

2 用卡紙從做記號的地方把瓶子包起來,然後繞著瓶子畫線。

3 沿著剛才畫的線剪開。要小心一點,如果遇到任何問題,請找大人幫忙。

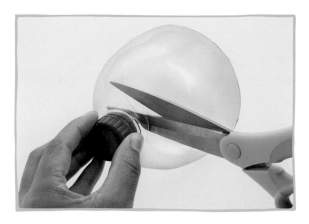

4 請大人協助,把瓶子靠近瓶口的附近剪掉,洞口要比網球小。

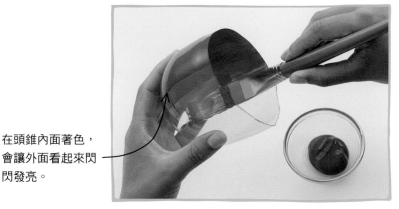

在頭錐內面著色,會讓外面看起來閃閃發亮。

5 把剛才剪好的圓形罩子裡面塗上顏料。火箭的頭錐快完成了。

6 為網球塗上顏料。只需要塗會露出來的部分,大約塗半顆球就夠了。

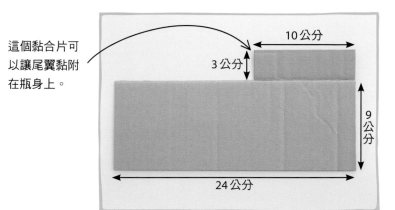

這個黏合片可以讓尾翼黏附在瓶身上。

10公分

3公分

9公分

24公分

7 在瓦楞紙板上畫出兩個長方形,讓其中一個長方形接在另一個之上。一個長方形10公分長、3公分寬,另一個長方形24公分長、9公分寬。沿著外圍的輪廓剪下來,最後你會有一個和上圖一樣的形狀。

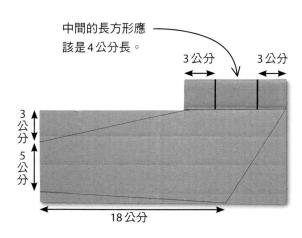

中間的長方形應該是4公分長。

3公分   3公分

3公分
5公分

18公分

8 在大長方形上畫出尾翼的形狀,如同上圖所示。在小長方形上畫兩條線,各距離左右兩側三公分。

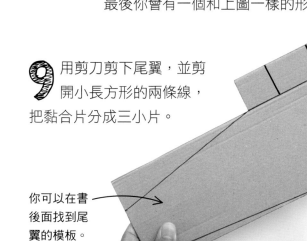

9 用剪刀剪下尾翼,並剪開小長方形的兩條線,把黏合片分成三小片。

你可以在書後面找到尾翼的模板。

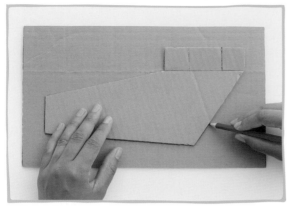

10 再製作三片尾翼。利用第一片當做模板,確保所有尾翼的形狀和大小都相同。

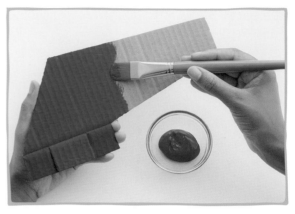

11 尾翼的兩面都著色,然後放著等顏料乾。這裡的設計採用紅色,你可以塗上任何自己喜歡的顏色。

網球放在大寶特瓶和頭錐之間。

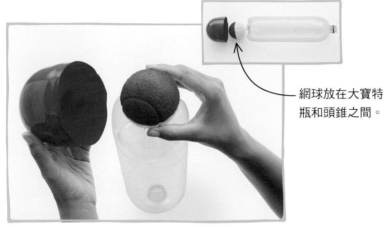

12 把第二個大寶特瓶上下顛倒過來,把網球放在寶特瓶底部上面,網球著色那一面朝上,再用頭錐罩起來,網球要和上面的洞對好。

13 用彩色膠帶把頭錐好好固定起來。請務必黏牢,你不會想要頭錐在飛行途中掉下來。

撕掉雙面膠帶的紙片。

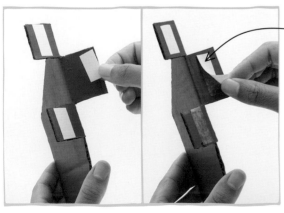

14 把尾翼的上下兩片黏合片往左摺,中間的黏合片往右摺。如上圖,在每一片黏合片的底面貼上雙面膠帶。

15 將尾翼黏在火箭下面一點的位置,讓尾翼底部超出瓶子的頸部。

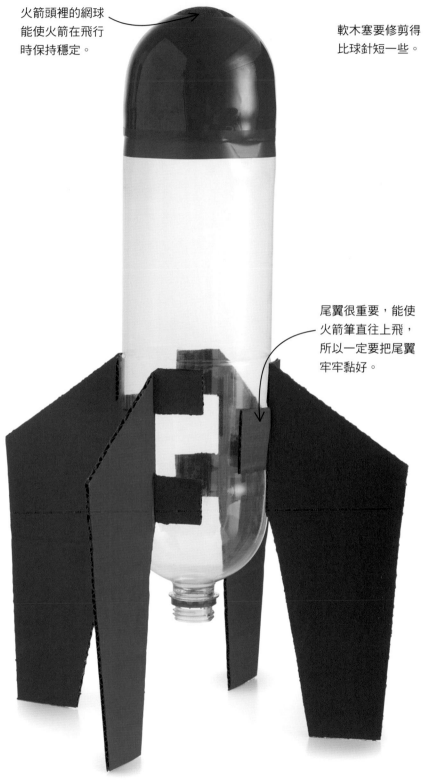

火箭頭裡的網球能使火箭在飛行時保持穩定。

尾翼很重要，能使火箭筆直往上飛，所以一定要把尾翼牢牢黏好。

16 尾翼的底部要互相對齊，火箭才能直立起來。你的火箭現在看起來應該類似上圖這樣。

軟木塞要修剪得比球針短一些。

17 檢查軟木塞是否能塞進寶特瓶的瓶口，然後請大人幫忙，把軟木塞從窄的那一頭剪掉四分之一。

18 將球針從軟木塞較寬的那一面中央插進去，貫穿到另一頭。先把萬用黏土墊在軟木塞之下，才不會弄壞桌面。

19 把球針接到腳踏式打氣筒，這就是把空氣灌入火箭的方式。

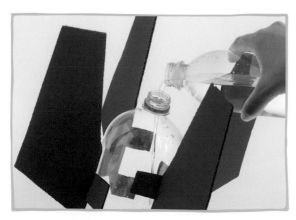

20 讓火箭倒過來，用小寶特瓶倒入大約 500 毫升的水。火箭內的水應該差不多占了四分之一的瓶身。

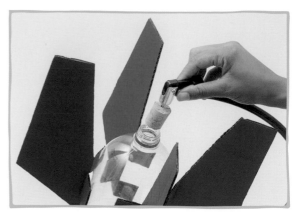

21 用軟木塞把火箭的瓶口緊緊塞住，當心不要把尾翼弄彎。火箭已經準備好可以發射了！

22 讓火箭用尾翼立在平地上，小心別讓它倒了。開始打氣，直到火箭發射出去。

不要讓火箭朝向你的朋友，也不要把頭探到火箭上方，以免被火箭射到！

裝入的水多一點或少一點，會發生什麼情形？

要是你沒有腳踏式打氣筒，使用手壓式打氣筒也可以。

科學原理

力總是成對出現。譬如，用槳划船，船槳的力推動水，水會產生一個相反的力推動船槳，使船前進。這種相反的力稱為「反作用力」，正是這種力讓火箭起飛。當你幫火箭打氣時，瓶內的空氣壓力一直增加，最後強大到把軟木塞和水推出來。這股向下的力產生一股向上的反作用力，使火箭升空。一旦水全流出來，瓶內壓力恢復正常，反作用力消失，火箭就掉回地面。

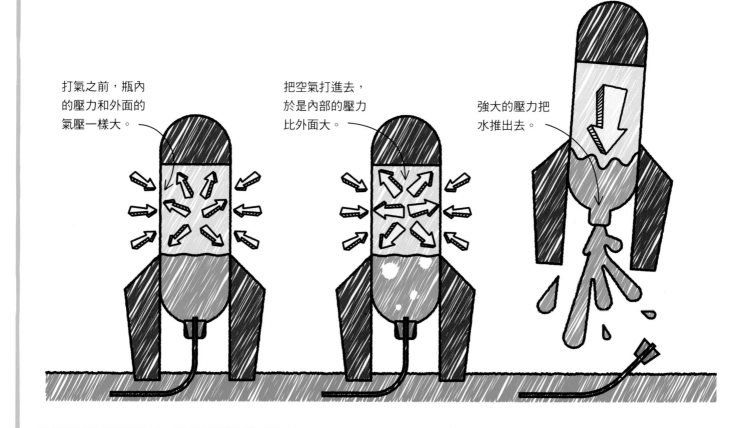

反作用力把火箭往上推。

打氣之前，瓶內的壓力和外面的氣壓一樣大。

把空氣打進去，於是內部的壓力比外面大。

強大的壓力把水推出去。

真實世界中的科學
火箭燃料

真實火箭升空的原理和自製的水火箭一樣，不過，真實火箭並不是靠打氣筒讓火箭內部壓力變大，而是由火箭燃料迅速燃燒，產生大量氣體所造成的。燃料產生的氣體向下噴射而出，同時對火箭施加反作用力，把火箭往上推。

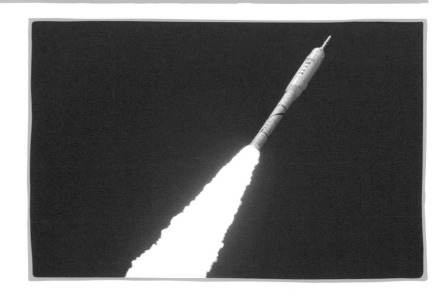

空氣大砲

用這座厲害的大砲，你可以把空氣流動時產生的威力掌握在手中！將圓形紙板做的把手往後拉，然後放手，使塑膠膜向前衝，把一股強大氣流從洞口發送出去。你能從多遠的距離外，擊倒塑膠花盆疊成的塔或吹亂落葉？等你製作出這種形式的大砲之後，不妨想想其他做法，製作出更大且威力更強的大砲。

強大的氣流足以吹翻塑膠花盆疊成的塔！

在空中行進的渦流環

大砲發射出去的空氣會很快的損失能量，然後減慢下來。在這個過程中，這股空氣會受到周遭空氣的牽引，而形成我們眼睛看不見的「渦流環」，也就是空氣旋轉形成的圓環。神奇的是，這圈圓環會向前行進。

在有霧的天氣，你或許能目睹渦流環在空中行進的情形。

9 將塑膠膜翻面，用白膠把做好的圓形把手黏在中央，把手要跟黏在背面的圓形紙板固定在同一位置。等白膠變乾。

讓塑膠膜下凹，稍微沉入箱子裡。

10 把紙箱正立放著，圓洞在下。鋪上塑膠膜，讓圓形把手朝上。塑膠膜應該夠大片，讓中間部分往下凹。

11 用強力膠帶將塑膠膜邊緣封在箱口四周，塑膠膜中間要保持下凹。

把橡皮筋拉出來時，當心不要拉斷。

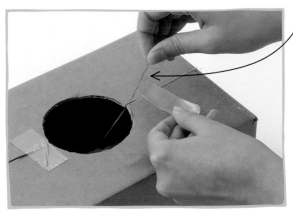

12 把紙箱翻過來，手伸入洞裡。拉出橡皮筋的兩端，用強力膠帶將兩端緊緊黏在箱子外側。

13 如果喜歡的話，可以幫箱子塗上彩色圖案，像這裡的藍天白雲。等藍色顏料乾了，再畫上白雲。

14 操作空氣大砲的方式是：瞄準某個目標，也許是落葉或塑膠杯；將黏在塑膠膜上的圓形把手往後拉，然後放手！一定要記住，千萬不要把大砲對著別人的臉。

放開把手後，橡皮筋將塑膠膜快速往前拉，於是產生渦流環。

科學原理

你用來拉圓形把手的能量，儲存在拉長的橡皮筋裡。當你放開把手，橡皮筋釋放出能量，把塑膠膜往前拉。塑膠膜快速移動，將能量傳給紙箱裡的空氣，產生一股從圓洞暴衝出去的空氣。這股衝出去的空氣將圓洞前方的靜止空氣向外推開，同時也受到周遭空氣的牽引，而向外翻動，開始旋轉，形成所謂的「渦流環」。

空氣從大砲的圓洞衝出去，這是因為塑膠膜向前移動，而把空氣從紙箱推出去。

空氣往前移動，受到周遭空氣牽引，於是開始旋轉而形成「渦流環」。

渦流環會向前行進一段距離後，才消散。

真實世界中的科學
大自然中的渦流環

流體是不停流動的物質，液體和氣體都是流體。任何流體都可能產生渦流環。有時候，大自然裡也會出現渦流環。有圓形火山口的火山偶爾會吐出幾個煙圈，那些煙圈是由水蒸氣和氣體組成的。這些渦流環會往上飄，因為它們是火山內上升的炙熱氣體形成的。海豚噴出的空氣也能在水裡形成渦流環，牠們還會追著渦流環玩，嘗試穿過圓環！

用磁鐵指示方向

在這項活動中,你會把一根珠針磁化,製造出磁鐵。能夠自由轉動的磁鐵總是一端指向北方,一端指向南方。這是因為地球本身就是巨大的磁鐵,有兩個磁極,一個在北極附近,一個在南極附近。變成磁鐵的珠針受到地球磁場的影響,於是指向南北方向。

帶著自製的指南針去露營或健行,你就能利用它來指引方向。

超酷的指南針

衛星導航發明以前，有好長一段時間，人們依賴指南針來找路，指南針也稱為「羅盤」。指南針的指針總是順著地球的磁場方向，指向南方和北方。只要運用一根珠針、一個塑膠杯以及一個瓶蓋，你就能自製指南針，不過，還需要一個關鍵步驟：讓珠針磁化，你的指南針才可以運作。

塑膠盤面浮在水面上，指南針的指針可以自由轉動。

如何製作
超酷的指南針

指南針最重要的部分就是指針。這項活動採用珠針當指針,但你可以用任何以鋼製成的細長物體,例如縫衣針或一截迴紋針。指針必須經過磁化才能指向南北,所以還需要一塊磁鐵。

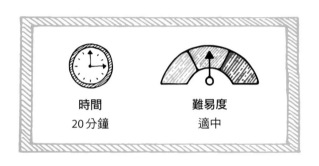

時間
20分鐘

難易度
適中

需要的東西

兩枝奇異筆

塑膠杯

珠針

磁鐵

萬用黏土

塑膠瓶蓋

一碗水

剪刀

如果有需要,可請大人幫忙把杯底剪下來。

1 用剪刀把塑膠杯的杯底剪下來,當做指南針的盤面。塑膠盤面可浮在水上,讓指針能夠自由轉動。

2 用奇異筆在塑膠盤面上畫兩個小點,相隔約一公分,畫在盤面中心的兩側。

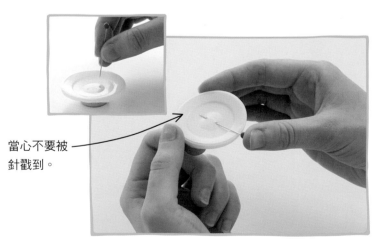

當心不要被針戳到。

3 讓塑膠盤面黏在一團萬用黏土上,拿珠針刺穿那兩個小點。然後把珠針從一個小孔穿入,再從另一個小孔穿出。

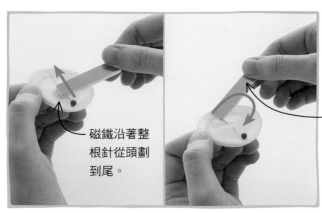

磁鐵沿著整根針從頭劃到尾。

每劃一下就把磁鐵拿起來，再從珠針頭開始劃。

4 接著把珠針磁化，讓它變成指南針的指針。用磁鐵在珠針上沿著同一方向劃，約40至50次。不要來回的劃，而是每一次都從針頭劃到針尖，劃到針尖時，就把磁鐵提起來。而且只能使用磁鐵的同一端來劃。

5 把碗裡的水倒入塑膠瓶蓋中。不需要倒滿，只要足夠讓盤面自由漂浮就可以。

指南針的指針一端會指向北方，另一端指向南方。

指針會轉動，最後與地球磁場的方向一致。

6 讓盤面浮在水面上。如果針沒有轉動，再用磁鐵劃幾下，珠針可能還沒磁化。

7 務必把指南針放在沒有強風的地方，也不要靠近電器用品或大型金屬物品。

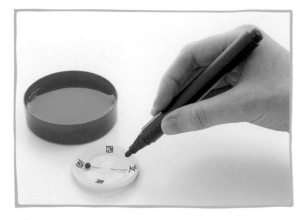

8 這時還不知道指針哪一端指北、哪一端指南。請用智慧手機找出北方或請問大人,記下針的哪一端指向北方,然後用奇異筆在塑膠盤面上標出東西南北。

9 在盤面標出四個主要方位之後,還可以畫上圖案裝飾。

更酷的實驗

如果你手邊已經有磁化的針,卻沒有塑膠盤面,可以讓針浮在小水坑的樹葉上,這樣仍然能做出指南針,只要確定針尖是指南或指北就可以了。事實上,各種能浮在水上的材料都可以使用,例如軟木塞、保麗龍或寶特瓶的瓶蓋。還可以試試看:拿磁鐵靠近漂浮的指針,會發生什麼情形?

這裡示範的是針尖指向北方,不過,你的也可能會指向南方。

10 指南針做好了,而且馬上可以使用。建議你手邊準備一塊磁鐵,萬一需要再度磁化指針,就能派上用場。

科學原理

每一塊磁鐵都有兩個磁極，周圍還有磁場，磁極是磁性最強的部分。你的指針是鋼做的，裡面含有許多稱為「磁域」的小區域。每一個磁域如同一塊小磁鐵，在一般情形下，磁域排列得亂七八糟，各個磁場會互相抵消。珠針用磁鐵劃過之後，所有磁域排列整齊，磁場方向變得一致，珠針也就具有磁性了。

未磁化的鋼

磁域（藍色箭頭）排得很亂，朝向各個方向。

整體來說，這根鋼針沒有磁性。

磁域各自朝著不同方向，所有磁場抵消掉了。

磁化的鋼

鋼針用磁鐵劃過後，磁域（藍色箭頭）朝著同一方向。

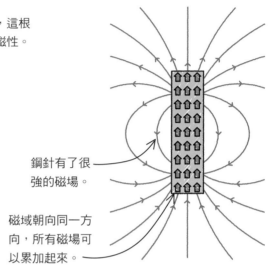

鋼針有了很強的磁場。

磁域朝向同一方向，所有磁場可以累加起來。

地球像個大磁鐵

地球核心含有熔融狀態（液態）的鐵，讓地球變成像擁有巨大磁場的強力磁鐵。如同一般磁鐵，地球這個大磁鐵也有兩個磁極：一個靠近北極，也就是地磁北極；一個靠近南極，也就是地磁南極。經過磁化的針會順著地球的磁場排列，針的指北極指向地磁北極、指南極指向地磁南極。

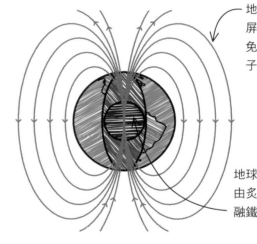

地球的磁場提供屏障，保護我們免於太陽有害粒子的傷害。

地球這個大磁鐵是由炙熱、流動的熔融鐵所造成。

真實世界中的科學
動物體內的指南針

許多動物擁有自己的指南針，雖然牠們的指南針不是磁化的針構成的。牠們擁有可偵測地球磁場的小型器官，用來找到自己的方向。鴿子運用這種超級磁感來導航，幫助自己飛越長遠的距離，以及找到回家的路。

亮晶晶的晶洞

地質學家是專門研究我們這顆行星堅硬部分的科學家，他們有時候會得到令人驚喜的美麗珍寶。他們敲開岩石可能會發現裡面有空洞，洞裡充滿了璀璨晶體。這種岩石構造稱為「晶洞」，真正的晶洞要成千上萬年的時間才能形成，但你只要花幾天的時間，就能製造出自己的晶洞！

你可以製作各種顏色的蛋殼晶洞。

五顏六色的晶體

除了敲開岩石，希望能發現晶洞之外，你可以自己製造，只要利用空蛋殼、食用色素，以及「明礬」這種化合物。明礬會在蛋殼表面形成晶體，食用色素則使它們鮮豔多彩。

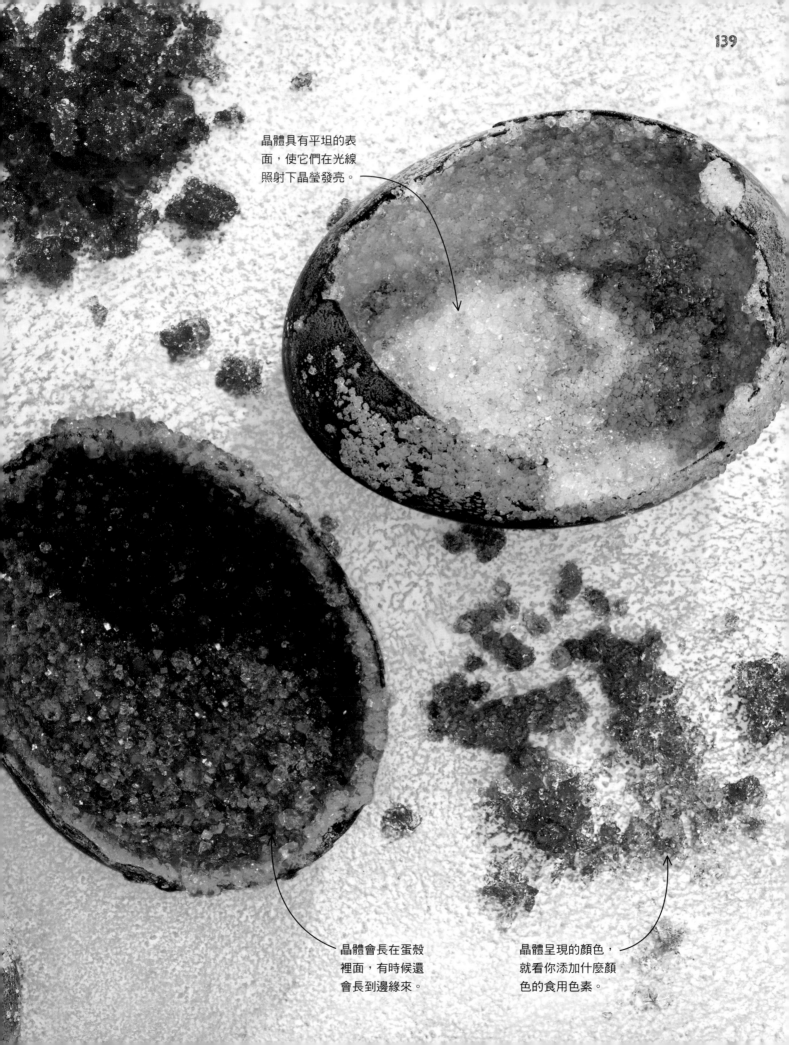

晶體具有平坦的表
面，使它們在光線
照射下晶瑩發亮。

晶體會長在蛋殼
裡面，有時候還
會長到邊緣來。

晶體呈現的顏色，
就看你添加什麼顏
色的食用色素。

如何製作
亮晶晶的晶洞

製作晶洞需要一種祕密成分：明礬，可以在藥房、化工材料行或網路上買到這種化合物。明礬的價格很便宜。少量使用明礬很安全，但請勿放到嘴裡，而且摸過之後一定要洗手。

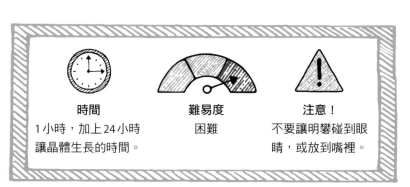

時間	難易度	注意！
1小時，加上24小時讓晶體生長的時間。	困難	不要讓明礬碰到眼睛，或放到嘴裡。

需要的東西

150毫升的溫水

明礬　　食用色素

白膠　　塑膠杯　　玻璃碗

水彩筆　湯匙　　雞蛋　　盤子

廚房紙巾

1 實驗之前，請把手洗乾淨。把蛋在碗邊輕輕敲一下，從裂縫處剝掉蛋殼，把蛋殼剝出一個洞。也可以戴手套來剝。

裡面的蛋白和蛋黃可留下來煮掉。

2 把蛋裡的東西倒到碗裡。從洞口邊緣把一些蛋殼往裡面剝，順勢移除附著在蛋殼內側的薄膜。

小心不要弄破蛋殼。

3 將蛋殼拿到水龍頭下沖洗，盡可能把薄膜清乾淨。然後再次把手洗乾淨。

白膠讓明礬顆粒可以黏附在表面。

4 接下來，倒一些白膠到剛才洗乾淨的空蛋殼裡。

5 拿水彩筆把白膠塗開，讓白膠在蛋殼裡面均勻分布。

6 用湯匙把明礬撒入蛋殼裡，然後把沒黏上去的明礬顆粒倒出來。你可以戴手套進行，如果沒戴手套，之後務必要洗手。

7 把剩下的明礬分次倒入溫水裡，用湯匙攪拌。持續加入明礬，一直加到明礬不能溶解為止，以確保溶液的濃度真的很高。

一定要攪拌溶液，讓明礬溶解。

8 加入食用色素，分量要足夠讓明礬溶液的顏色變深。再次攪拌溶液。

10 將蛋殼浸入明礬溶液，用湯匙把蛋殼輕輕壓下去，讓裡面充滿溶液，小心不要弄破蛋殼。

9 把明礬溶液倒入塑膠杯，溶液的高度要能夠讓蛋殼完全浸泡進去。

倒出溶液時，量杯裡應該會殘留一些明礬顆粒。

11 讓蛋殼在溶液裡靜置大約24小時，最好放在溫暖乾燥的地方。之後，小心的把蛋殼從杯子裡取出來。

12 盤子上鋪好廚房紙巾，把蛋殼輕輕的放在廚房紙巾上。

13 仔細觀察你用蛋殼做成的晶洞。明礬和食用色素應該已經在蛋殼上形成許多閃亮的小晶體。

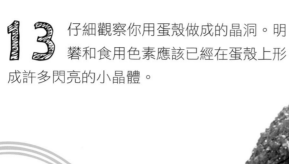

務必把剩下的明礬溶液倒掉，然後記得洗手。

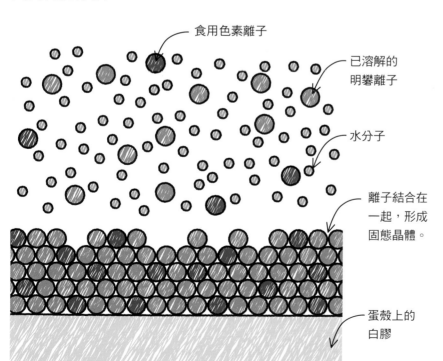

蛋殼裡和破洞邊緣都長出晶體了。

科學原理

明礬溶解在水中時，會分解成一類稱為「離子」的粒子，與水混在一起。食用色素早已溶解在水中，以離子的形式存在。這些不同離子會相遇而結合在一起，形成固態晶體。離子以規律的模式結合，使晶體呈現出獨特的形狀。

食用色素離子

已溶解的明礬離子

水分子

離子結合在一起，形成固態晶體。

蛋殼上的白膠

真實世界中的科學
天然晶洞

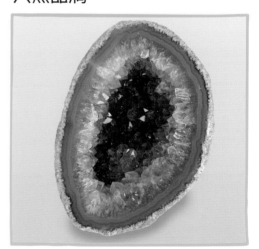

晶洞在岩石裡的孔洞形成，而這些孔洞大多是熔岩中的氣泡造成的。火山噴出的熔岩帶有氣泡，熔岩凝固成岩石後，封在其中的氣泡就變成孔洞。當水滲入地底時，礦物質會溶於水中，然後在孔洞內結晶，形成美麗的晶體。

要使用自製的緯度定位器，得在夜晚走到戶外，找出特定的星星來定位——要運用哪些星星，是依你在地球的位置而定。

緯度定位器

以前的水手利用天上的星星確定自己位在地球的什麼地方。他們創造出一種系統，用兩個數字來表示某個位置，這兩個數字就是緯度和經度。你所在的緯度，表示你在赤道以南或以北有多遠，而經度表示你往東或往西環繞地球有多遠。在這項活動中，你將製作出一種裝置，讓你不論在地球何處，都能知道所在的緯度。

你的緯度是多少？

想像有一條線環繞地球中間一圈，而且與北極和南極等距離，這條線就是赤道。如果你住在赤道，你的緯度是0°度（0°）；如果你住在北極，緯度是北緯90度（或＋90°）；如果住南極，就是南緯90度（或－90°）。總之，你所在的緯度就在這之間。如果你到離赤道更近或更遠的地方度假，就能運用緯度定位器找出那個地方的緯度。

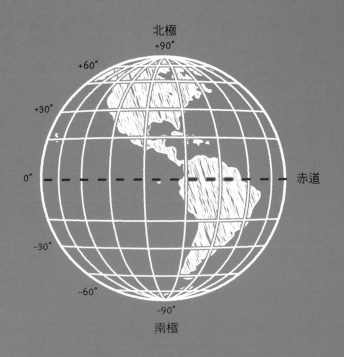

如何製作 緯度定位器

製作這種緯度定位器真的很簡單。首先，翻到書的後面，找出需要用到的緯度標尺模板。把模板描到紙上或拿去影印，再把紙張上的緯度標尺剪下來。之後只剩一些剪剪貼貼的工作了。

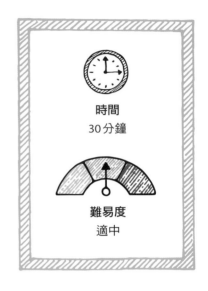

時間
30分鐘

難易度
適中

需要的東西

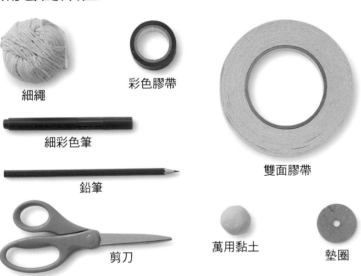

細繩

彩色膠帶

細彩色筆

鉛筆

雙面膠帶

剪刀

萬用黏土

墊圈

A4
卡紙

A4
紙張

A4
卡紙

可以使用任何
顏色的卡紙。

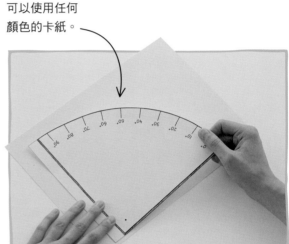

1 把幾段雙面膠帶黏在剛才從紙張剪下來的緯度標尺背面。撕下膠帶上的紙片，把緯度標尺黏到一張卡紙上。

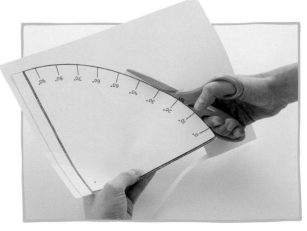

2 用剪刀沿著緯度標尺邊緣，仔細的把卡紙剪下來。將剩下的卡紙拿去回收。

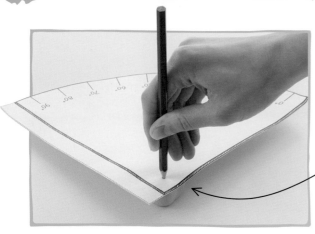

萬用黏土讓鉛筆
比較容易在紙上
戳出洞來。

3 接下來,將一團萬用黏土墊在緯度標尺
角落的小點底下,用鉛筆筆尖從小點戳
出一個小洞。

4 剪下一段20公分長的細繩。把繩子的一
端從小洞穿到卡紙背面,在繩子接近末
端的地方打結,讓繩頭能夠卡住。

每個地方
每天的日照時數,
都會受緯度影響。

5 把另一張卡紙緊緊捲在彩色筆外,捲成
圓紙筒,當做窺管。在估量緯度時,會
透過這個圓筒來觀看。

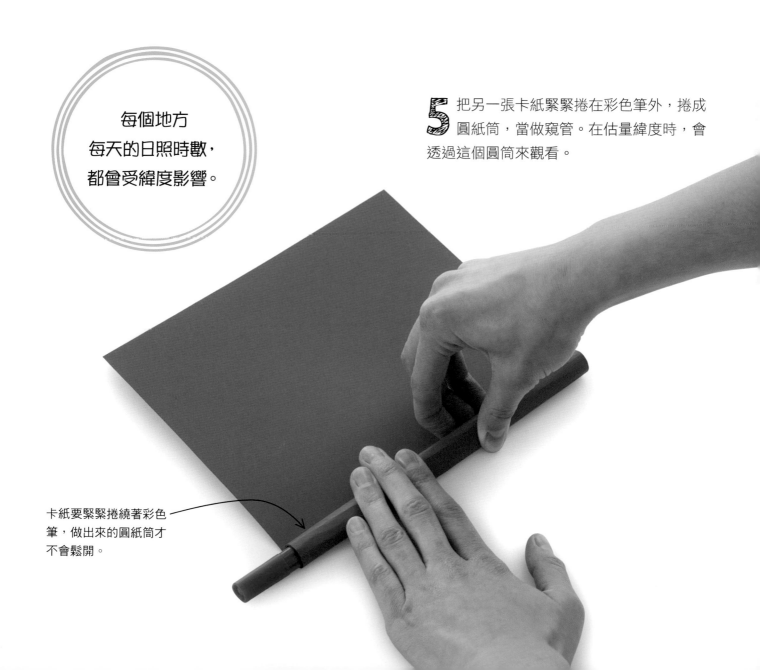

卡紙要緊緊捲繞著彩色
筆,做出來的圓紙筒才
不會鬆開。

6 紙筒捲好後，取出彩色筆。用雙面膠帶的一面把紙筒黏好。將圓紙筒的一端移到眼前，確定能看穿過去。

7 撕下雙面膠帶上的紙片，準備在下個步驟把窺管和緯度標尺黏起來。

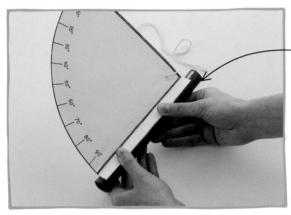

黏上緯度標尺時，當心不要壓壞圓紙筒。

8 緯度標尺邊緣有一長條的黏合片，把它摺起來，貼到窺管的雙面膠帶上壓緊。

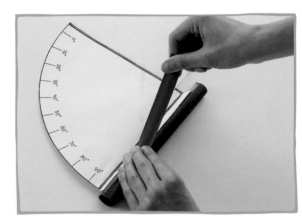

9 用一段彩色膠帶，把緯度標尺的黏合片和窺管黏在一起。這樣緯度標尺就能牢牢固定在窺管上。

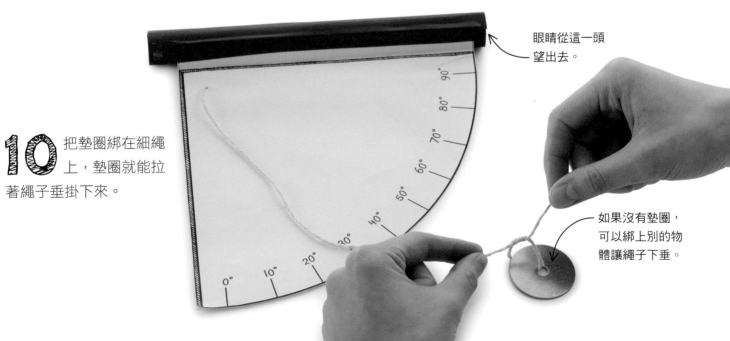

眼睛從這一頭望出去。

10 把墊圈綁在細繩上，墊圈就能拉著繩子垂掛下來。

如果沒有墊圈，可以綁上別的物體讓繩子下垂。

如何使用

請大人在沒有雲的夜晚陪你到戶外,最好到遠離路燈的空曠地方。接著,你需要找出天空的某一點。如果你在北半球,這一點就是天球北極;如果你在南半球,就是天球南極。利用下方的說明找到你需要的那一點,如果有指南針可分辨南北會很有幫助。從窺管看向天空那一點並確定墊圈自然下垂,用手壓住細繩,察看細繩與緯度標尺邊緣交會的位置,交會處的角度就是你的緯度。

天球北極

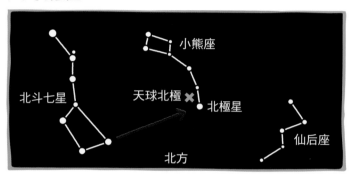

如果你住在北半球的話,請面向北方站立,仰望天空,找到大熊座的北斗七星。順著北斗七星斗杓前兩顆星的連線,就能找到北極星,北極星非常靠近天球北極,測量時就從窺管看向北極星。

天球南極

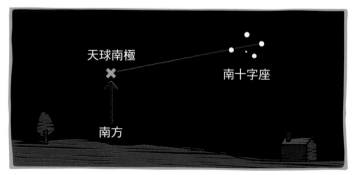

如果你住在南半球,天球南極附近沒有明亮的星星。你要先找到南十字座,把其中兩顆相隔最遠的星星連起來,順著這條假想線往外延伸。另外想像有一條從地平面正南方垂直往上的線,兩條線的交會點就是緯度定位器要瞄準的地方。

科學原理

重力是把地球上所有物體都拉往地心的一種力,緯度定位器的墊圈使繩子垂直往下掛著也是重力的作用。如果你住在赤道,無論你望向天球南極或天球北極,它們都在地平線上,因此你得到的緯度是 0 度。如果你位在南極或北極,你得抬頭往頭頂上望,才能看到天球南極或天球北極,繩子會顯示緯度是南緯或北緯90度。不過,你家應該是在上述這些地點之間。

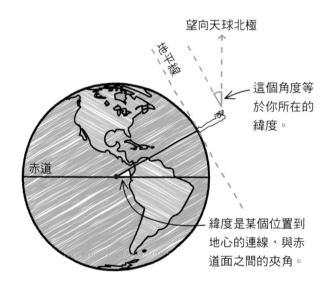

望向天球北極

這個角度等於你所在的緯度。

緯度是某個位置到地心的連線,與赤道面之間的夾角。

真實世界中的科學
海上導航

衛星導航發明之前,水手利用「六分儀」找出自己的緯度。六分儀是一種巧妙的儀器,可測量物體之間的夾角。直到今天仍有人使用六分儀,而且它還能幫助水手判定經度,讓他們確切知道自己身在何處。

紙做的日晷

白天時，隨著太陽劃過天空，物體投射出來的影子也跟著移動。有了日晷，你可以利用影子來判斷時間。自己製作日晷很容易，你會用到一根吸管和一張紙，不過，這個日晷在赤道與低緯度地區，例如臺灣，只能在春季到夏季之間使用。秋冬時，太陽在天空的位置太低了，吸管的影子無法投射到日晷的盤面上。

沒多久，太陽就要從西邊落下。

解讀日晷

有些地區會實施「日光節約時間」，在這段期間，民眾會調整時鐘的時間以充分利用日照，這段期間如果使用日晷，通常要把日晷顯示的時間再多加一個小時。臺灣以前也施行過日光節約時間，但目前沒有實施，只要直接讀取日晷顯示的時間就可以了。

這個日晷顯示出，時間大約是下午四點半左右。

下午6點　　　　上午6點

5
4
3
2
1
12
11
10
9
8
7

70
65
60
55
50
45
40
35
30
25
20
15
10

如何製作
紙做的日晷

首先，你需要書後面附的模板，可描摹或影印使用。一個模板是在北半球用的，另一個是給南半球用的。一定要使用正確版本，如果你不知道自己住在南半球或北半球，可請教大人。你也必須找出一個數字——你所在的緯度，可以問大人、上網查詢、利用智慧手機定位，或是自己做一個緯度定位器弄清楚，請參考第144至149頁。

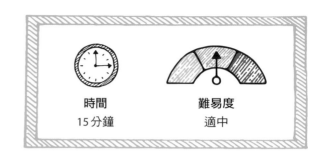

時間	難易度
15分鐘	適中

需要的東西

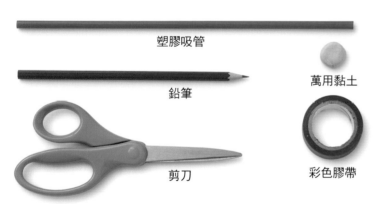

塑膠吸管

鉛筆

萬用黏土

剪刀

彩色膠帶

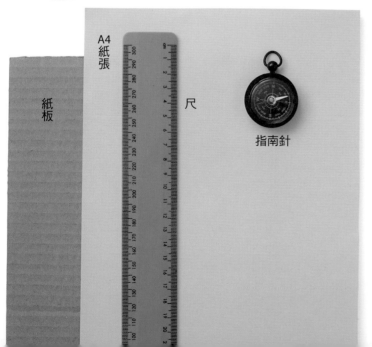

A4紙張

紙板

尺

指南針

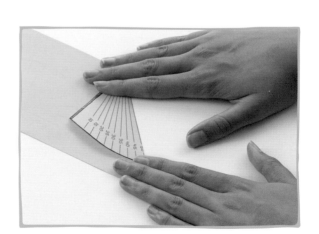

萬用黏土可以保護桌面。

1 務必複製正確的模板。把模板剪下來，在時間標尺正上方的圓圈底下，墊一塊萬用黏土，用鉛筆筆尖在圓圈戳出洞來。

2 在紙張一側的標尺，找到你所在位置的緯度（這裡的例子是50度）。順著緯度線摺好、壓平。

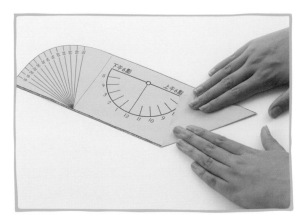

3 把模板翻過來，沿著剛才的壓痕再摺一次。在另一側的緯度標尺，重複步驟2和步驟3。

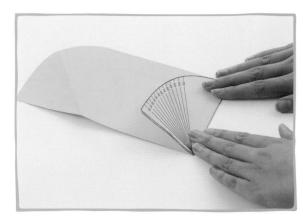

4 現在把兩側剛才摺的地方攤開，然後沿著日晷盤面兩邊的虛線摺起來。

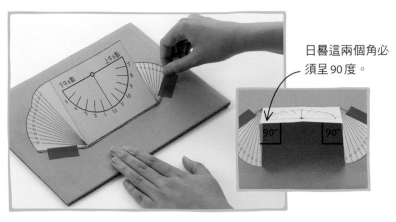

日晷這兩個角必須呈90度。

5 用膠帶把摺好的日晷黏在紙板上，日晷的兩側要垂直。

6 剪下一段約15公分長的吸管，當做「晷針」，也就是日晷投射出影子的部分，影子可以指出時間。

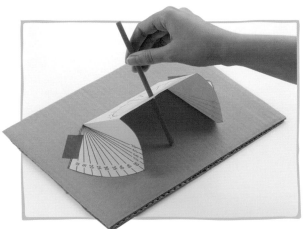

7 小心的把吸管穿過日晷盤面上的洞，往下頂到紙板為止。請注意，務必讓吸管與盤面呈直角。

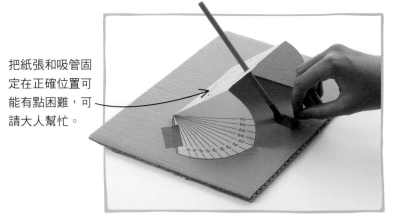

把紙張和吸管固定在正確位置可能有點困難，可請大人幫忙。

8 用膠帶將吸管固定在紙板上。日晷盤面要保持平整、吸管要與盤面呈直角。

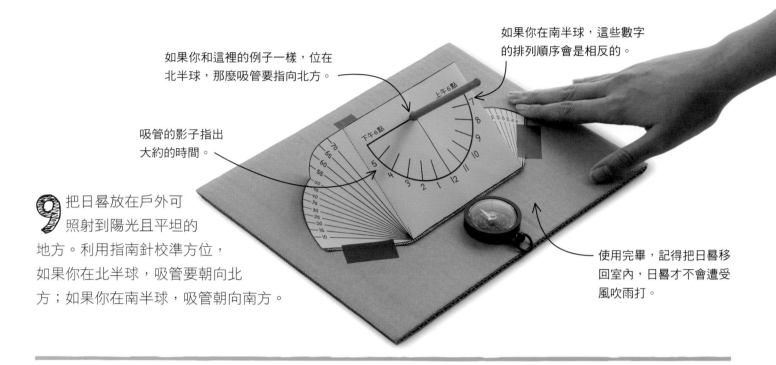

如果你在南半球，這些數字的排列順序會是相反的。

如果你和這裡的例子一樣，位在北半球，那麼吸管要指向北方。

吸管的影子指出大約的時間。

9 把日暑放在戶外可照射到陽光且平坦的地方。利用指南針校準方位，如果你在北半球，吸管要朝向北方；如果你在南半球，吸管朝向南方。

使用完畢，記得把日暑移回室內，日暑才不會遭受風吹雨打。

科學原理

由於地球會自轉，使得太陽看起來像是在天空上移動。太陽自東邊升起，中午到達最高點，然後從西邊落下。地球24小時自轉一圈（360度），也就是每小時轉了15度，因此陽光造成的影子每小時偏移15度。日暑上的刻度線相隔15度，相鄰兩條線之間的區域就代表一小時。

北半球

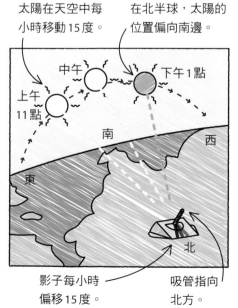

太陽在天空中每小時移動15度。

在北半球，太陽的位置偏向南邊。

影子每小時偏移15度。

吸管指向北方。

南半球

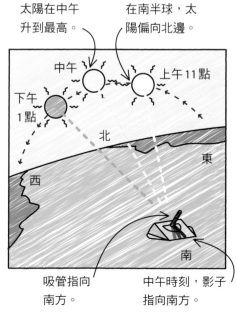

太陽在中午升到最高。

在南半球，太陽偏向北邊。

吸管指向南方。

中午時刻，影子指向南方。

真實世界中的科學
影子

太陽剛升起或即將落下時，影子會拉得非常長；日正當中時，影子最短。如果你在夏至那一天的中午站在北回歸線上，會沒有影子，因為太陽在你的頭頂正上方。

模板

以下是風速計、竹蜻蜓、水火箭、緯度定位器、日晷會用到的
模板。你可以把它們描到另一張紙上，或是把你需要的那一頁
拿去影印。製作日晷時，一定要選用正確的模板，其中一款設
計是在北半球使用，另一款是在南半球使用。

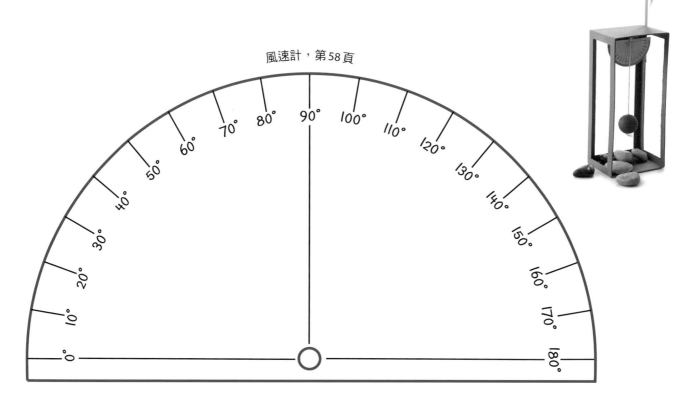

風速計，第58頁

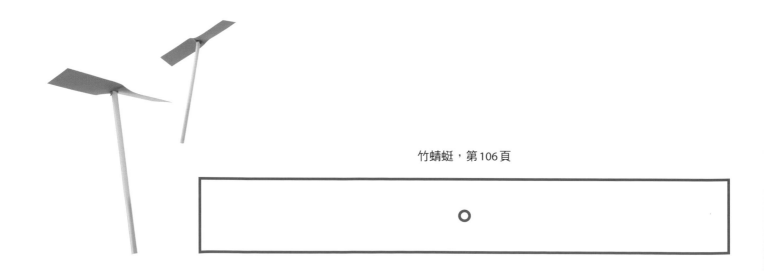

竹蜻蜓，第106頁

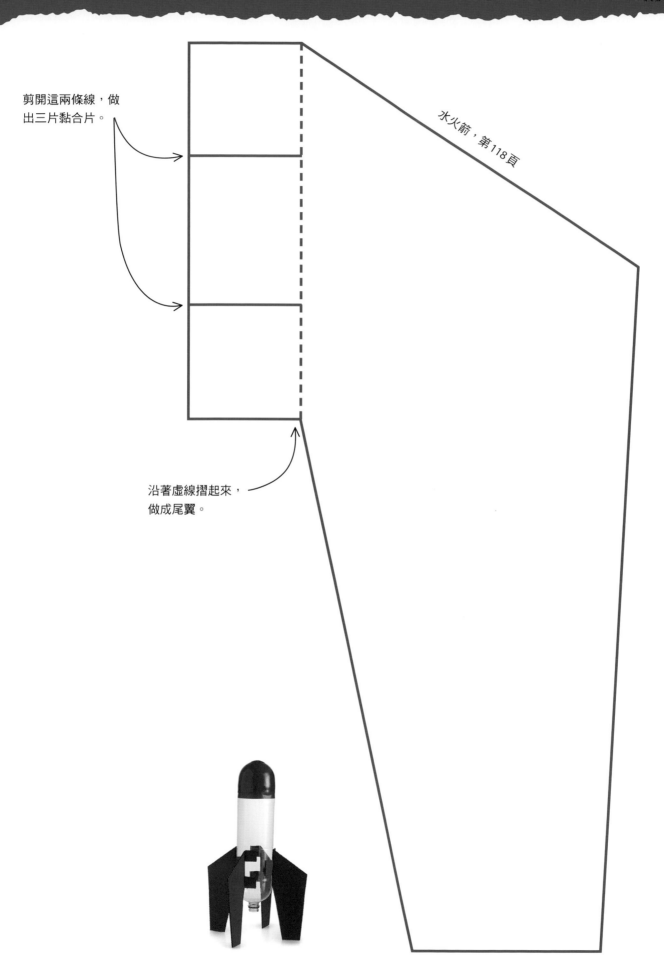

剪開這兩條線，做
出三片黏合片。

水火箭，第118頁

沿著虛線摺起來，
做成尾翼。

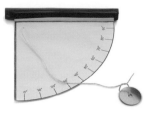

緯度定位器，第144頁

沿著虛線摺出黏合
片，用來黏到緯度
定位器的窺管上。

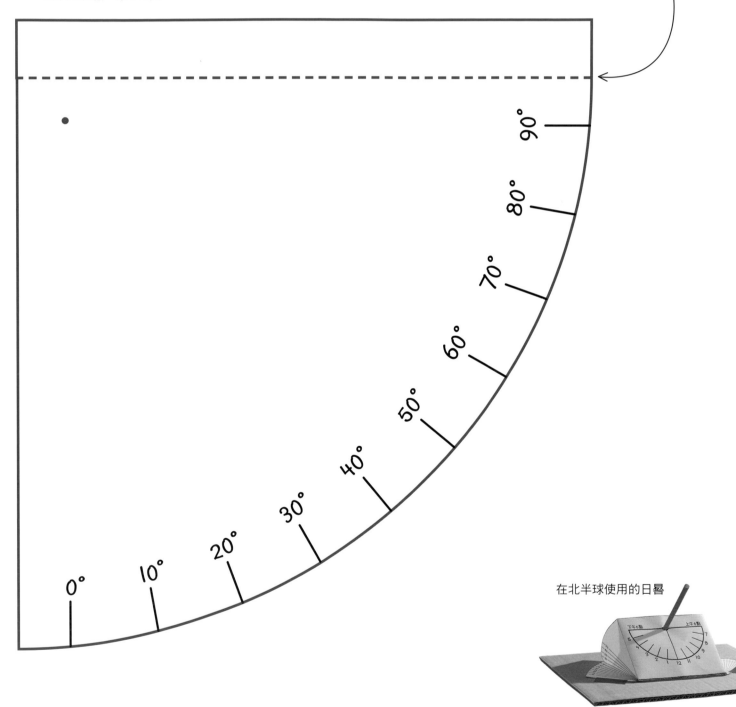

90°

80°

70°

60°

50°

40°

30°

20°

10°

0°

在北半球使用的日晷

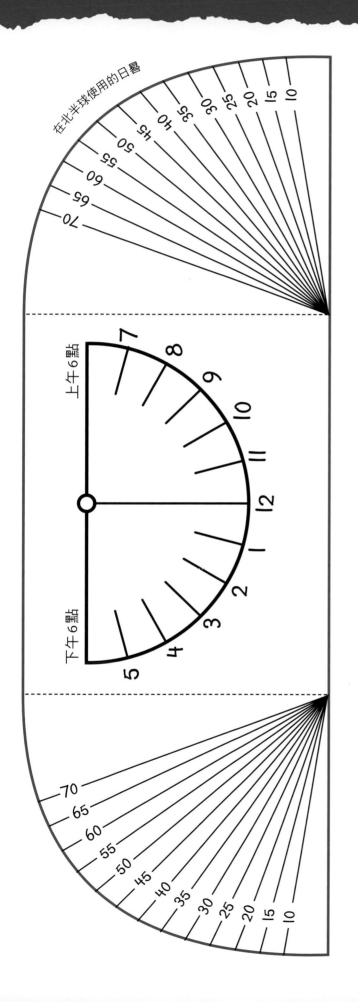

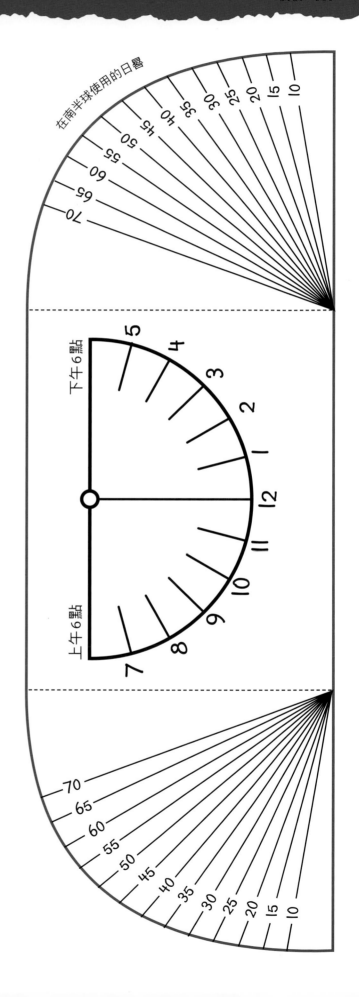

名詞解釋

力
推或拉的作用。力可改變物體運動的狀態,使物體加速、減速或改變方向。力也能改變物體的形狀。

口器
昆蟲攝食的器官,不同的昆蟲,口器也不一樣。蝴蝶的口器為長管狀,適合吸食花蜜。

大氣壓力
周遭空氣施加的壓力,是由包圍地球的一層空氣,「大氣」的重量造成的。

不互溶
意思是「不混合」,通常用來形容無法混合的兩種液體,好比油和醋。

分子
構成物質的小粒子,由兩個或更多原子結合而成。例如,水分子(H_2O)是由兩個氫原子和一個氧原子組成。同一種物質皆由相同的分子組成。

化合物
由兩種或更多種元素的原子,以化學方式結合而成的物質。

水耕栽培
不用土壤栽種植物,植物從供水系統獲得所有需要的養分。一般情形下,植物從土壤得到養分。

水蒸氣
水蒸發或沸騰,會形成不可見的氣體跑到空氣中,這種氣體就是水蒸氣。

半球
球的一半。常用來描述地球赤道以南和以北的兩部分,如南半球、北半球。

回收
把再也用不到的物品當做材料,製成新的物品。塑膠以及金屬通常會送去熔化,再製成為原料。

地質學
研究地球堅硬部分,包括岩石、土壤與山脈,以及它們是如何形成的科學。

收縮
變短。肌肉藉由收縮來完成動作,事實上肌肉只會收縮,不會拉長。

赤道
地表上從地球中間環繞一圈的一條假想線,與北極和南極的距離相等。

肥皂膜
在肥皂泡外圍,由肥皂水形成的薄膜。

侵蝕作用
磨蝕地表的作用,像是地表的岩石與土壤就不斷受到風和雨的侵蝕。

重力
讓你保持在地面上的力。重力把所有物體朝地心往下拉並讓物體具有重量。

重量
重力施加於物體的力,這種力的方向是往下的,而且物體的質量愈大,重量也愈大。

風速計
氣象學家用來測量風速的儀器,通常以每小時公里數或每小時英里數表示。

校準
為測量儀器(如氣壓計)的標尺刻度加上數字,讓你可以量出確切的讀值,而不是只知道相對大小。

氣壓計
氣象學家用來測量大氣壓力的儀器。

氣象學家
研究氣象的科學家。

真菌
一大類生物,不是植物,也不是動物。有些真菌從腐敗物質(例如枯木)獲取養分,有些寄生在其他生物上。常見的蕈或菇,是真菌冒出地面的部分。

偽裝
讓物體與周遭環境看起來相似的顏色和圖案,使物體不容易被發現。許多動物會利用毛髮和外皮來偽裝,以躲避掠食者。

密度
用來表示物體於特定體積中含有多少質量。例如,石頭的密度比水大得多。

旋翼
直升機旋轉的翼片構造,劃過空氣時,會產生向上的升力。

疏水性
分子討厭水、會與水互相排斥的性質。肥皂分子有兩端,一端具有疏水性,因而會受到水的排斥。

細胞

生物的最小單位。所有生物都是由細胞組成。有些生物由單一個細胞構成，例如細菌；一棵樹由上兆個細胞組成，你也一樣。

細菌

非常微小的生物，小到我們需要用顯微鏡才看得見它們。有一些細菌是有益的，例如用來製造起司的細菌，但有些細菌會引發疾病或是讓食物腐敗。

晶體

形狀規則的固體，通常有平坦表面和筆直邊緣，比如鑽石。晶體會有規則形狀，是因為它們的原子以某種模式重複排列。

棲地

生物居住的地方。

渦流

液體或氣體迴旋環繞的區域，例如水從排水口流掉時形成的漩渦。你每一次穿過空氣走動時，都會製造出不可見的空氣渦流。

等壓線

天氣圖上，把大氣壓力相同的地方連起來的線。

菌絲體

真菌的主體，由許多隱藏不露的菌絲組成。蕈與菇就是由潛藏在地底的菌絲體長出來的。

圓柱

一種立體形狀，橫截面是固定的圓形。圓紙筒就是一個圓柱。

溶液

物質分解成個別的分子或原子，與某種液體的分子均勻混合形成的混合物，像糖溶於水中形成的糖水就是一種溶液。

溶劑

使物體容易溶解在其中而形成溶液的液體。水是最常見的溶劑，有些溶劑很容易蒸發到空氣中，而留下溶解於其中的物質。

磁域

磁性物質（例如鐵）的一個個小區域。每個磁域有各自的磁場，物質受到磁化時，所有磁域的磁場方向會變得整齊一致。

磁場

磁鐵的周圍，另一塊磁鐵或磁性物質可受到磁力作用的範圍。

緯度

用來表示某處在赤道以南或以北有多遠。赤道的緯度是 0°，而北極的緯度是 ＋90°，南極是 −90°。

膠體

兩種化合物均勻混合但沒有溶解，這樣就會形成膠體。膠體通常是一種化合物的小顆粒、微滴或小氣泡，分散於另一種化合物當中而構成的。

質量

用來代表物體中所含物質多寡的量。

親水性

分子喜歡水、會和水互相吸引的性質。肥皂分子有兩端，一端具有親水性，因而會受到水的吸引。

壓力

空氣或水施加在物體上的力。爬上高山時，氣壓會變小；潛入海裡時，水壓會變大。

濕度

用來表示空氣中有多少水蒸氣。濕度高時，很可能下雨或起霧。

黏液

生物分泌的黏稠液體，由水和其他物質構成。在你的身體裡，黏液幫助食物滑過消化系統，也會在你的鼻腔捕捉細菌，避免細菌進入肺部。

覆蓋物

有植物生長的地方，覆蓋於土壤上的落葉或其他植物物質，可以保護土壤。

纖維素

植物產生的物質，可形成植物的細胞壁、強化將水分輸送到莖與葉的管道。

體積

物體所占據的空間大小，通常以立方公分、立方公尺……來表示。

索引

ACKNOWLEDGMENTS

The publisher would like to thank the following people for their assistance in the preparation of this book:
NandKishor Acharya, Syed MD Farhan, Pankaj Sharma, and Smiljka Surla for design assistance; Sam Atkinson, Ben Ffrancon Davies, Sarah MacLeod, and Sophie Parkes for editorial assistance; Steve Crozier for picture retouching; Sean Ross for additional illustrations; Jemma Westing for making and testing experiments; Helen Peters for indexing; Victoria Pyke for proofreading; Caleb Gilbert, Hayden Gilbert, Molly Greenfield, Nadine King, Kit Lane, Helen Leech, Sophie Parkes, Rosie Peet, and Abi Wright for modelling.

The publisher would like to thank the following for their kind permission to reproduce their photographs:
(Key: a-above; b-below/bottom; c-centre; f-far; l-left; r-right; t-top)

15 Alamy Stock Photo: Prime Ministers Office (br). 19 naturepl: Adrian Davies (br). 25 Alamy Stock Photo: Jeff Gynane (tr). 31 Alamy Stock Photo: Science History Images (bl). 35 Getty Images: Mmdi (crb). 39 Getty Images: Bloomberg (crb). 43 Alamy Stock Photo: Mira (bl). 49 123RF.com: Adrian Hillman (bl). 53 Alamy Stock Photo: Joel Douillet (bl). 57 Alamy Stock Photo: YAY Media AS (bc). 65 Depositphotos Inc: flypix (bl). 71 123RF.com: bjul (crb). 79 Alamy Stock Photo: Nature

Photographers Ltd (br). 85 Alamy Stock Photo: RGB Ventures / SuperStock (t). 89 NASA: (crb). 91 Anatoly Beloshchin: (crb). 99 Dreamstime.com: Maria Medvedeva (cr). 103 Alamy Stock Photo: NOAA (bc). 109 123RF.com: aleksanderdn (crb). 117 123RF.com: epicstockmedia (bl). 125 Alamy Stock Photo: Newscom (br). 131 Ardea: Augusto Leandro Stanzani (br). 137 123RF. com: Dmitry Maslov (bl). 143 Alamy Stock Photo: Dafinchi (bl). 149 Alamy Stock Photo: Dino Fracchia (crb). 153 Alamy Stock Photo: Sergio Azenha (crb)

All other images © Dorling Kindersley

For further information see: www.dkimages.com